U0214046

〔清〕袁枚 著

隨園食單

廣陵書社
中國·揚州

圖書在版編目（CIP）數據

隨園食單 / (清) 袁枚著. -- 揚州 : 廣陵書社, 2024.6
（國學經典叢書）
ISBN 978-7-5554-2284-6

Ⅰ. ①隨… Ⅱ. ①袁… Ⅲ. ①烹飪－中國－清前期②食譜－中國－清前期③中式菜肴－菜譜－清前期 Ⅳ. ①TS972.117

中國國家版本館CIP數據核字(2024)第109152號

書　　名　隨園食單
著　　者　〔清〕袁　枚
責任編輯　金　晶
出 版 人　劉　棟
裝幀設計　鴻儒文軒

出版發行　廣陵書社
揚州市四望亭路 2-4 號　郵編：225001
(0514) 85228081（總編辦）85228088（發行部）
http://www.yzglpub.com　E-mail:yzglss@163.com
印　　刷　三河市華東印刷有限公司

開　　本　880 毫米 ×1230 毫米　1/32
印　　張　5.5
字　　數　60 千字
版　　次　2024 年 6 月第 1 版
印　　次　2024 年 6 月第 1 次印刷
標準書號　ISBN 978-7-5554-2284-6
定　　價　45.00 圓

編輯説明

自上世紀九十年代末始，我社陸續編輯出版一套綫裝本中華傳統文化普及讀物，名爲《文華叢書》。編者孜孜矻矻，兀兀窮年，歷經二十餘載，聚爲上百種，集腋成裘，蔚爲可觀。叢書以内容經典、形式古雅、編校精審，深受讀者歡迎，不少品種已不斷重印，常銷常新。

國學經典，百讀不厭，其中藴含的生活情趣、生命哲理、人生智慧，以及家國情懷、歷史經驗、宇宙真諦，令人回味無窮，啓迪至深。爲了方便讀者閲讀國學原典，更廣泛地普及傳統文化，特于《文華叢書》基礎上，重加編輯，推出《國學經典叢書》。

本叢書甄選國學之基本典籍，萃精華于一編。以内容言，所選均爲家喻户曉的經典名著，涵蓋經史子集，包羅詩詞文賦、小品蒙書，琳琅滿目；以篇幅言，每種規模不大，或數種彙于一書，便于誦讀；以形式言，採用傳統版式，字大文簡，賞心悦目；以編輯言，力求精擇良善版本，細加校勘，注重精讀原文，偶作簡明小注，或酌配古典版畫，體現編輯的匠心。

當下國學典籍的出版方興未艾，品質參差不齊。希望這套我社經年打造的品牌叢書，能爲讀者朋友閲讀經典提供真正的精善讀本。

廣陵書社編輯部

二〇二三年三月

出版説明

『飲食者，人之命脉也。』（《本草綱目》卷五）對飲食美的重視和追求，是中國傳統文化的特徵之一。《隨園食單》正是袁枚四十年美食實踐的産物。

袁枚生于清康熙五十五年（一七一六），卒于嘉慶三年（一七九八），字子才，號簡齋，晚年自號倉山居士、隨園老人、倉山叟等，浙江錢塘（今杭州）人。乾隆四年（一七三九）進士，選庶吉士。曾任江寧等地知縣，頗有政績。乾隆十四年辭官後，僑居江寧，築園林于小倉山，號隨園。

袁枚是乾隆才子、詩壇盟主，論詩主張抒寫性情，創『性靈説』；又能文，『所爲詩文，天才横逸，不可方物』。一生著述甚豐，主要有《小倉山房詩文集》《隨園詩話》《子不語》《小倉山房尺牘》等。

袁枚對飲食文化也深有研究，他在《所好軒記》中坦言『袁子好味』，而隱居後長期優游詩酒的生活爲他瞭解、研究各地美食提供了第一手資料。他十分留心各種飲食的特點和烹飪技術，廣搜博嘗，『每食于某氏而飽，必使家厨往彼竈觚，執弟子之禮。四十年來，頗集衆美』。豐富的美食經驗，使袁枚于飲饌之道能窺其堂奥，并撰著了《隨園食單》這樣一本獨具特色的食譜。

《隨園食單》介紹了三百餘種菜肴、飯點的製作方法，其中大多數是江浙一帶的傳統風味，也有京、魯、粤、皖等地菜肴，品種繁多；集中了江浙厨師長期積纍的豐富的烹飪經驗，保存了大量寶貴的資料，彌足珍貴。該書開篇并未直接羅列食譜，而是以《須知單》和《戒單》作理論指導，從正反兩個方面陳述了自己治味的思想。海鮮、特牲、羽族、水族、素菜、點心、茶酒等十二單則搜羅了當時江浙人生活中各種類型的飲食，于每種食譜下，或詳或略地介紹烹飪之法，包括原料、分量、作料、製作方法等，簡明扼要。書中所記載的菜肴，作者大都親自品嘗，反復比較，對當時的名菜或名人之書中所記食譜，也詳加考察，以辨美惡。值得指出的是，《隨園食單》不是一本單純的烹飪技法書，于介紹食譜之時，頗多記事，語言活潑詼諧，可讀性很强。作者還透過飲食傳達審美追求和生活哲理，發人深思。

《隨園食單》成書于乾隆五十七年（一七九二），問世後不久即傳入日本。日本學者高度評價《隨園食單》，稱該書爲『中華烹飪的聖書』。《隨園食單》既是一部重要的歷史文獻，同時對現實亦具有一定的參考價值，也是一筆寶貴的文化遺産，值得我們重視。

廣陵書社

二〇二四年六月

目録

原序……一

卷一 須知單……一

先天須知……一

作料須知……一

洗刷須知……二

調劑須知……三

配搭須知……三

獨用須知……四

火候須知……五

色臭須知……六

遲速須知……六

變換須知……七

器具須知……七

上菜須知……八

時節須知……八

多寡須知……九

潔净須知……九

用縴須知……一〇

選用須知……一一

疑似須知……一一

補救須知……一一

本分須知……一二
卷二 戒單……一三
戒外加油……一三
戒同鍋熟……一三
戒耳餐……一三
戒目食……一四
戒穿鑿……一五
戒停頓……一六
戒暴殄……一六
戒縱酒……一七
戒火鍋……一八
戒强讓……一八
戒走油……一九
戒落套……二〇
戒混濁……二〇
戒苟且……二一
卷三 海鮮單……二三
燕窩……二三
海參三法……二四
魚翅二法……二四
鰒魚……二五

淡菜……二六
海蝘……二六
烏魚蛋……二六
江瑶柱……二六
蠣黄……二六

卷四　江鮮單……二九
刀魚二法……二九
鰣魚……二九
鱘魚……三〇
黄魚……三〇
班魚……三一
假蟹……三一

卷五　特牲單……三三
猪頭二法……三三
猪蹄四法……三四
猪爪、猪筋……三四
猪肚二法……三五
猪肺二法……三五
猪腰……三六
猪裹肉……三六

白片肉……三六
紅煨肉三法……三七
白煨肉……三八
油灼肉……三八
乾鍋蒸肉……三八
蓋碗裝肉……三九
磁罎裝肉……三九
脱沙肉……三九
曬乾肉……四〇
火腿煨肉……四〇
台鯗煨肉……四〇
粉蒸肉……四〇
熏煨肉……四一
芙蓉肉……四一
荔枝肉……四一
八寶肉……四二
菜花頭煨肉……四二
炒肉絲……四二
炒肉片……四三
八寶肉圓……四三
空心肉圓……四四
鍋燒肉……四四

醬肉……四四
糟肉……四四
暴腌肉……四四
尹文端公家風肉……四五
家鄉肉……四五
笋煨火肉……四五
燒小猪……四六
燒猪肉……四六
排骨……四七
羅蓑肉……四七
端州三種肉……四七
楊公圓……四八
黄芽菜煨火腿……四八
蜜火腿……四八
卷六　雜牲單……五一
牛肉……五一
牛舌……五一
羊頭……五一
羊蹄……五二
羊羹……五二
羊肚羹……五二

紅煨羊肉……五三
炒羊肉絲……五三
燒羊肉……五三
全羊……五三
鹿肉……五四
鹿筋二法……五四
獐肉……五四
果子狸……五五
假牛乳……五五
鹿尾……五五

卷七　羽族單……五七

白片鷄……五七
鷄鬆……五七
生炮鷄……五八
鷄粥……五八
焦鷄……五八
捶鷄……五九
炒鷄片……五九
蒸小鷄……五九
醬鷄……六〇

鷄丁……六〇
鷄圓……六〇
蘑菇煨鷄……六〇
梨炒鷄……六一
假野鷄卷……六一
黄芽菜炒鷄……六一
栗子炒鷄……六二
灼八塊……六二
珍珠團……六二
黄芪蒸鷄治瘵……六三
滷鷄……六三
蔣鷄……六三
唐鷄……六四
鷄肝……六四
鷄血……六四
鷄絲……六四
糟鷄……六五
鷄腎……六五
鷄蛋……六五
野鷄五法……六五
赤炖肉鷄……六六
蘑菇煨鷄……六六

鴿子……六七
鴿蛋……六七
野鴨……六七
蒸鴨……六七
鴨糊塗……六八
滷鴨……六八
鴨脯……六八
燒鴨……六八
挂滷鴨……六九
乾蒸鴨……六九
野鴨團……六九
徐鴨……七〇
煨麻雀……七〇
煨鷯鶉、黄雀……七一
雲林鵝……七一
燒鵝……七二

卷八　水族有鱗單……七三
邊魚……七三
鯽魚……七三
白魚……七四
季魚……七四

土步魚……七四
魚鬆……七五
魚圓……七五
魚片……七五
連魚豆腐……七六
醋摟魚……七六
銀魚……七六
台鮝……七七
糟鮝……七七
蝦子勒鮝……七七
魚脯……七八
家常煎魚……七八
黄姑魚……七八

卷九　水族無鱗單……八一
湯鰻……八一
紅煨鰻……八一
炸鰻……八二
生炒甲魚……八二
醬炒甲魚……八三
帶骨甲魚……八三
青鹽甲魚……八三

湯煨甲魚……八四
全殼甲魚……八四
鱔絲羹……八四
炒鱔……八五
段鱔……八五
蝦圓……八五
蝦餅……八五
醉蝦……八六
炒蝦……八六
蟹……八六
蟹羹……八六
炒蟹粉……八七
剥殼蒸蟹……八七
蛤蜊……八七
蚶……八七
蟶螯……八八
程澤弓蟶乾……八八
鮮蟶……八九
水鷄……八九
熏蛋……八九
茶葉蛋……八九

卷十　雜素菜單

卷十　雜素菜單……九一

蔣侍郎豆腐……九一

楊中丞豆腐……九一

張愷豆腐……九二

慶元豆腐……九二

芙蓉豆腐……九二

王太守八寶豆腐……九二

程立萬豆腐……九三

凍豆腐……九三

蝦油豆腐……九四

蓬蒿菜……九四

蕨菜……九四

葛仙米……九五

羊肚菜……九五

石髮……九五

珍珠菜……九五

素燒鵝……九五

韭……九六

芹……九六

豆芽……九六

茭白……九七

青菜……九七

臺菜……九七
白菜……九七
黃芽菜……九八
瓢兒菜……九八
菠菜……九八
蘑菇……九八
松菌……九九
麵筋二法……九九
茄二法……九九
莧羹……一〇〇
芋羹……一〇〇
豆腐皮……一〇〇
扁豆……一〇一
瓠子、王瓜……一〇一
煨木耳、香蕈……一〇一
冬瓜……一〇二
煨鮮菱……一〇二
缸豆……一〇二
煨三筍……一〇二
芋煨白菜……一〇三
香珠豆……一〇三
馬蘭……一〇三

楊花菜……一〇三
問政筍絲……一〇三
炒鷄腿蘑菇……一〇四
猪油煮蘿蔔……一〇四

卷十一　小菜單……一〇五
筍脯……一〇五
天目筍……一〇五
玉蘭片……一〇五
素火腿……一〇六
宣城筍脯……一〇六
人參筍……一〇六
筍油……一〇六
糟油……一〇七
蝦油……一〇七
喇虎醬……一〇七
熏魚子……一〇七
腌冬菜、黄芽菜……一〇八
萵苣……一〇八
香乾菜……一〇八
冬芥……一〇九
春芥……一〇九

芥頭……一〇九
芝麻菜……一〇九
腐乾絲……一一〇
風癟菜……一一〇
糟菜……一一〇
酸菜……一一〇
臺菜心……一一一
大頭菜……一一一
蘿蔔……一一一
乳腐……一一一
醬炒三果……一一二
醬石花……一一二
石花糕……一一二
小松菌……一一二
吐蚨……一一三
海蟄……一一三
蝦子魚……一一三
醬薑……一一三
醬瓜……一一四
新蠶豆……一一四
腌蛋……一一四
混套……一一四

茭瓜脯……一一五
牛首腐乾……一一五
醬王瓜……一一五

卷十二　點心單……一一七
鰻麵……一一七
温麵……一一七
鱔麵……一一七
裙帶麵……一一八
素麵……一一八
蓑衣餅……一一八
蝦餅……一一九
薄餅……一一九
松餅……一一九
麵老鼠……一一九
顛不棱……一二〇
肉餛飩……一二〇
韭合……一二〇
糖餅……一二〇
燒餅……一二一
千層饅頭……一二一
麵茶……一二一

杏酪……一二二
粉衣……一二二
竹葉粽……一二二
蘿蔔湯圓……一二二
水粉湯圓……一二三
脂油糕……一二三
雪花糕……一二三
軟香糕……一二三
百果糕……一二四
栗糕……一二四
青糕、青糰……一二四
合歡餅……一二四
鷄豆糕……一二五
鷄豆粥……一二五
金糰……一二五
藕粉、百合粉……一二五
麻糰……一二六
芋粉糰……一二六
熟藕……一二六
新栗、新菱……一二六
蓮子……一二七
芋……一二七

蕭美人點心……一二七
劉方伯月餅……一二八
陶方伯十景點心……一二八
楊中丞西洋餅……一二八
白雲片……一二九
風枵……一二九
三層玉帶糕……一二九
運司糕……一三〇
沙糕……一三〇
小饅頭、小餛飩……一三〇
雪蒸糕法……一三〇
作酥餅法……一三一
天然餅……一三二
花邊月餅……一三二
製饅頭法……一三三
揚州洪府粽子……一三三
卷十三　飯粥單……一三五
飯……一三五
粥……一三六

卷十四　茶酒單……一三七
茶……一三七
武夷茶……一三八
龍井茶……一三九
常州陽羨茶……一三九
洞庭君山茶……一三九
酒……一三九
金壇于酒……一四〇
德州盧酒……一四〇
四川郫筒酒……一四〇
紹興酒……一四一
湖州南潯酒……一四一
常州蘭陵酒……一四一
溧陽烏飯酒……一四二
蘇州陳三白……一四二
金華酒……一四三
山西汾酒……一四三

袁枚像

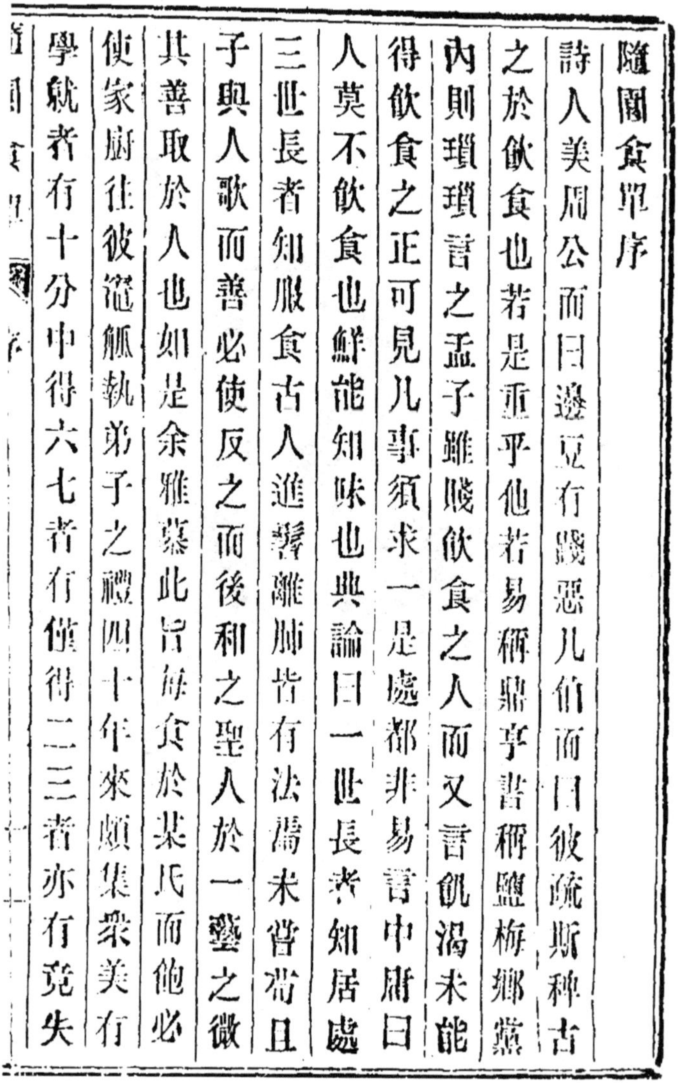

隨園食單序

詩人美周公而曰籩豆有踐惡凡伯而曰彼疏斯稗古之於飲食也若是重乎他若易稱鼎亨書稱鹽梅鄉黨內則瑣瑣言之孟子雖賤飲食之人而又言飢渴未能得飲食之正可見凡事須求一是處都非易言中庸曰人莫不飲食也鮮能知味也典論曰一世長者知居處三世長者知服食古人進鬐離肺皆有法焉未嘗苟且子與人歌而善必使反之而後和之聖人於一藝之微其善取於人也如是余雅慕此旨每食於某氏而飽必使家廚往彼竈觚執弟子之禮四十年來頗集衆美有學就者有十分中得六七者有僅得二三者亦有竟失

《隨園食單》清刻本書影

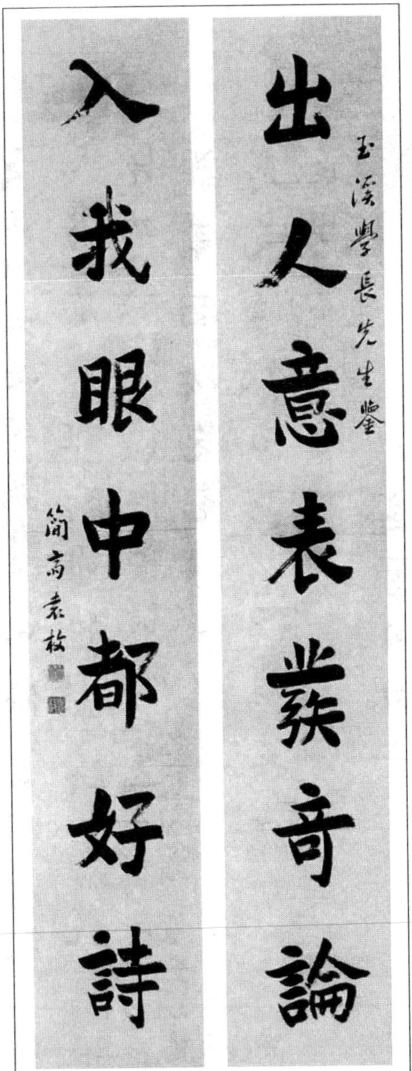
出人意表叢奇論
玉溪學長先生鑒
入我眼中都好詩
簡齋袁枚

袁枚手書對聯

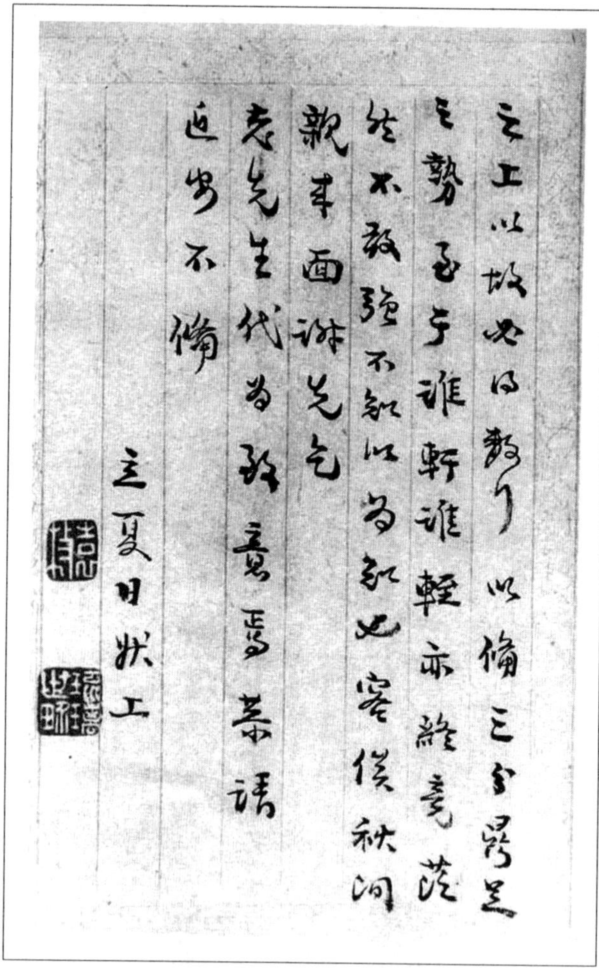

袁枚手札

原序

詩人美周公而曰『籩豆有踐』，惡凡伯而曰『彼疏斯稗』。古之于飲食也，若是重乎？他若《易》稱『鼎烹』，《書》稱『鹽梅』，《鄉黨》《内則》瑣瑣言之。孟子雖賤『飲食之人』，而又言飢渴未能得飲食之正。可見凡事須求一是處，都非易言。《中庸》曰：『人莫不飲食也，鮮能知味也。』《典論》曰：『一世長者知居處，三世長者知服食。』古人進鬐離肺，皆有法焉，未嘗苟且。『子與人歌而善，必使反之，而後和之。』聖人于一藝之微，其善取于人也如是。

余雅慕此旨，每食于某氏而飽，必使家厨往彼竈觚，執弟子之禮。四十年來，頗集衆美。有學就者，有十分中得六七者，有僅得二三者，亦有竟失傳者。余都問其方略，集而存之。雖不甚省記，亦載某家某味，以志景行。自覺好學之心，理宜如是。雖死法不足以限生廚，名手作書，亦多出入，未可專求之于故紙；然能率由舊章，終無大謬，臨時治具，亦易指名。

或曰：『人心不同，各如其面。子能必天下之口，皆子之口乎？』曰：『執柯以伐柯，其則不遠。吾雖不能强天下之口與吾同嗜，而姑且推己及物；則食飲雖微，而吾于忠恕之道，則已盡矣。吾何憾哉！』若夫《說郛》所載飲食之書三十餘種，眉公、笠翁，亦有陳言。曾親試之，皆閼于鼻而蜇于口，大半陋儒附會，吾無取焉。

卷一 須知單

學問之道，先知而後行，飲食亦然。作《須知單》。

先天須知

凡物各有先天，如人各有資禀。人性下愚，雖孔、孟教之，無益也；物性不良，雖易牙烹之，亦無味也。指其大略：猪宜皮薄，不可腥臊；鷄宜騸嫩，不可老稚；鯽魚以扁身白肚爲佳，烏背者，必崛强于盤中；鰻魚以湖溪游泳爲貴，江生者，必槎丫其骨節；穀喂之鴨，其膘肥而白色；壅土之笋，其節少而甘鮮；同一火腿也，而好醜判若天淵；同一台鮝也，而美惡分爲冰炭；其他雜物，可以類推。大抵一席佳肴，司厨之功居其六，買辦之功居其四。

作料須知

厨者之作料，如婦人之衣服首飾也。雖有天姿，雖善塗抹，而敝衣藍縷，西子亦難以爲容。善烹調者，醬用伏醬，先嘗甘否；油用香油，須審生熟；酒用酒釀，應去糟粕；醋用米醋，須求清洌。且醬有清濃之分，油有葷素之别，酒有酸甜之异，醋有陳新之殊，不可絲毫錯誤。其他葱、椒、薑、桂、糖、鹽，雖用之不多，而俱宜選擇上品。蘇州店賣秋油，有上、中、下三等。鎮江醋顔色雖佳，味不甚酸，失醋之本旨矣。以板浦醋爲第一，浦口醋次之。

洗刷須知

洗刷之法，燕窩去毛，海參去泥，魚翅去沙，鹿筋去臊。肉有筋瓣，剔之則酥；鴨有腎臊，削之則净；魚膽破，而全盤皆苦；鰻涎存，而滿碗多腥；韭删葉而白存，菜弃邊而心出。《内則》曰：『魚去乙，鱉去醜。』此之謂也。諺云：『若要魚好吃，洗得白筋出。』亦此之謂也。

調劑須知

調劑之法，相物而施。有酒、水兼用者，有專用酒不用水者，有專用水不用酒者；有鹽、醬并用者，有專用清醬不用鹽者，有用鹽不用醬者；有物太膩，要用油先炙者；有氣太腥，要用醋先噴者；有取鮮必用冰糖者；有以乾燥爲貴者，使其味入于內，煎炒之物是也；有以湯多爲貴者，使其味溢于外，清浮之物是也。

配搭須知

諺曰：『相女配夫。』《記》曰：『儗人必于其倫。』烹調之法，何以异焉？凡一物烹成，必需輔佐。要使清者配清，濃者配濃，柔者配柔，剛者配剛，方有和合之妙。其中可葷可素者，蘑菇、鮮笋、冬瓜是也。可葷不可素者，葱韭、茴香、新蒜是也。可素不可葷者，芹菜、百合、刀豆是也。常見人置蟹粉于燕窩之中，放百合于鷄、猪之肉，毋乃唐堯與蘇峻對坐，不太悖乎？亦有交互見功者，炒葷菜，用素油，炒素菜，用葷油是也。

獨用須知

味太濃重者，只宜獨用，不可搭配。如李贊皇、張江陵一流，須專用之，方盡其才。食物中，鰻也，鱉也，蟹也，鰣魚也，牛羊也，皆宜獨食，不可加搭配。何也？此數物者味甚厚，力量甚大，而流弊亦甚多，用五味調和，全力治之，方能取其長而去其弊。何暇捨其本題，别生枝節哉？金陵人好以海參配甲魚，魚翅配蟹粉，我見輒攢眉。覺甲魚、蟹粉之味，海參、魚翅分之而不足；海參、魚翅之弊，甲魚、蟹粉染之而有餘。

火候須知

熟物之法，最重火候。有須武火者，煎炒是也，火弱則物疲矣。有須文火者，煨煮是也，火猛則物枯矣。有先用武火而後用文火者，收湯之物是也；性急則皮焦而裏不熟矣。有愈煮愈嫩者，腰子、鷄蛋之類是也。有略煮即不嫩者，鮮魚、蚶蛤之類是也。肉起遲則紅色變黑，魚起遲則活肉變死。屢開鍋蓋，則多沫而少香。火熄再燒，則走油而味失。道人以丹成九轉爲仙，儒家以無過、不及爲中。司厨者，能知火候而謹伺之，則幾于道矣。魚臨食時，色白如玉，凝而不散者，活肉也；色白如粉，不相膠粘者，死肉也。明明鮮魚，而使之不鮮，可恨已極。

色臭須知

目與鼻，口之鄰也，亦口之媒介也。嘉肴到目、到鼻，色臭便有不同。或净若秋雲，或艷如琥珀，其芬芳之氣，亦撲鼻而來，不必齒決之，舌嘗之，而後知其妙也。然求色不可用糖炒，求香不可用香料。一涉粉飾，便傷至味。

遲速須知

凡人請客，相約于三日之前，自有工夫平章百味。若斗然客至，急需便餐；作客在外，行船落店：此何能取東海之水，救南池之焚乎？必須預備一種急就章之菜，如炒鷄片，炒肉絲，炒蝦米豆腐，及糟魚、茶腿之類，反能因速而見巧者，不可不知。

變換須知

一物有一物之味，不可混而同之。猶如聖人設教，因才樂育，不拘一律。所謂君子成人之美也。今見俗厨，動以雞、鴨、猪、鵝，一湯同滾，遂令千手雷同，味同嚼蠟。吾恐雞、猪、鵝、鴨有靈，必到枉死城中告狀矣。善治菜者，須多設鍋、竈、盂、鉢之類，使一物各獻一性，一碗各成一味。嗜者舌本應接不暇，自覺心花頓開。

器具須知

古語云：美食不如美器。斯語是也。然宣、成、嘉、萬窑器太貴，頗愁損傷，不如竟用御窑，已覺雅麗。惟是宜碗者碗，宜盤者盤，宜大者大，宜小者小，參錯其間，方覺生色。若板板于十碗八盤之説，便嫌笨俗。大抵物貴者器宜大，物賤者器宜小。煎炒宜盤，湯羹宜碗，煎炒宜鐵鍋，煨煮宜砂罐。

上菜須知

上菜之法：鹽者宜先，淡者宜後；濃者宜先，薄者宜後；無湯者宜先，有湯者宜後。且天下原有五味，不可以鹹之一味概之。度客食飽，則脾困矣，須用辛辣以振動之；慮客酒多，則胃疲矣，須用酸甘以提醒之。

時節須知

夏日長而熱，宰殺太早，則肉敗矣。冬日短而寒，烹飪稍遲，則物生矣。冬宜食牛羊，移之于夏，非其時也。夏宜食乾腊，移之于冬，非其時也。輔佐之物，夏宜用芥末，冬宜用胡椒。當三伏天而得冬腌菜，賤物也，而竟成至寶矣。當秋凉時而得行鞭笋，亦賤物也，而視若珍饈矣。有先時而見好者，三月食鰣魚是也。有後時而見好者，四月食芋艿是也。其他亦可類推。有過時而不可吃者，蘿蔔過時則心空，山笋過時則味苦，刀鱭過時則骨硬。所謂四時之序，成功者退，精華已竭，褰裳去之也。

多寡須知

用貴物宜多，用賤物宜少。煎炒之物多，則火力不透，肉亦不鬆。故用肉不得過半斤，用鷄、魚不得過六兩。或問：食之不足如何？曰：俟食畢後另炒可也。以多爲貴者，白煮肉，非二十斤以外，則淡而無味。粥亦然，非斗米則汁漿不厚，且須扣水，水多物少，則味亦薄矣。

潔净須知

切葱之刀，不可以切笋；搗椒之臼，不可以搗粉。聞菜有抹布氣者，由其布之不潔也；聞菜有砧板氣者，由其板之不净也。『工欲善其事，必先利其器。』良厨先多磨刀，多换布，多刮板，多洗手，然後治菜。至于口吸之烟灰，頭上之汗汁，竈上之蠅蟻，鍋上之烟煤，一玷入菜中，雖絶好烹庖，如西子蒙不潔，人皆掩鼻而過之矣。

用縴須知

俗名豆粉爲縴者，即拉船用縴也，須顧名思義。因治肉者要作團而不能合，要作羹而不能膩，故用粉以牽合之。煎炒之時，慮肉貼鍋，必至焦老，故用粉以護持之。此縴義也。能解此義用縴，縴必恰當，否則亂用可笑，但覺一片糊塗。《漢制考》：齊呼麯麸爲媒，媒即縴矣。

選用須知

選用之法，小炒肉用後臀，做肉圓用前夾心，煨肉用硬短勒。炒魚片用青魚、季魚，做魚鬆用鯶魚、鯉魚。蒸鷄用雛鷄，煨鷄用騸鷄，取鷄汁用老鷄；鷄用雌纔嫩，鴨用雄纔肥；蒓菜用頭，芹韭用根：皆一定之理。餘可類推。

疑似須知

味要濃厚，不可油膩；味要清鮮，不可淡薄。此疑似之間，差之毫厘，失以千里。濃厚者，取精多而糟粕去之謂也；若徒貪肥膩，不如專食猪油矣。清鮮者，真味出而俗塵無之謂也；若徒貪淡薄，則不如飲水矣。

補救須知

名手調羹，鹹淡合宜，老嫩如式，原無需補救。不得已爲中人說法，則調味者，寧淡毋鹹；淡可加鹽以救之，鹹則不能使之再淡矣。烹魚者，寧嫩毋老，嫩可加火候以補之，老則不能强之再嫩矣。此中消息，于一切下作料時，静觀火色便可參詳。

本分須知

滿洲菜多燒煮，漢人菜多羹湯，童而習之，故擅長也。漢請滿人，滿請漢人，各用所長之菜，轉覺入口新鮮，不失邯鄲故步。今人忘其本分，而要格外討好。漢請滿人用滿菜，滿請漢人用漢菜，反致依樣葫蘆，有名無實，畫虎不成反類犬矣。秀才下場，專作自己文字，務極其工，自有遇合。若逢一宗師而摹仿之，逢一主考而摹仿之，則掇皮無異，終身不中矣。

卷二 戒單

爲政者興一利，不如除一弊，能除飲食之弊，則思過半矣。作《戒單》。

戒外加油

俗厨製菜，動熬猪油一鍋，臨上菜時，勺取而分澆之，以爲肥膩。甚至燕窩至清之物，亦復受此玷污。而俗人不知，長吞大嚼，以爲得油水入腹。故知前生是餓鬼投來。

戒同鍋熟

同鍋熟之弊，已載前『變換須知』一條中。

戒耳餐

何謂耳餐？耳餐者，務名之謂也。貪貴物之名，誇敬客之意，是以耳餐，非口餐也。不知豆腐得味，遠勝燕窩。海菜不佳，不如蔬笋。余嘗謂鷄、猪、魚、鴨，豪杰之士也，各有本味，自成一家；海參、燕窩，庸陋之人也，全無性情，寄人籬下。嘗見某太守宴客，大碗如缸，白煮燕窩四兩，絲毫無味，人争誇之。余笑曰：『我輩來吃燕窩，非來販燕窩也。』可販不可吃，雖多奚爲？若徒誇體面，不如碗中竟放明珠百粒，則價值萬金矣。其如吃不得何？

戒目食

何謂目食？目食者，貪多之謂也。今人慕『食前方丈』之名，多盤叠碗，是以目食，非口食也。不知名手寫字，多則必有敗筆；名人作詩，煩則必有累句。極名厨之心力，一日之中，所作好菜不過四五味耳，尚難拿準，况拉雜横陳乎？就使幫助多人，亦各有意見，全無紀律，愈多愈壞。余嘗過一商家，上菜三撤席，點心十六道，共算食品將至四十餘種。主人自覺欣欣得意，而我散席還家，仍煮粥充飢。可想見其席之豐而不潔矣。南朝孔琳之曰：『今人好用多品，適口之外，皆爲悦目之資。』余以爲肴饌橫陳，熏蒸腥穢，目亦無可悦也。

戒穿鑿

物有本性，不可穿鑿爲之。自成小巧，即如燕窩佳矣，何必捶以爲團？海參可矣，何必熬之爲醬？西瓜被切，略遲不鮮，竟有製以爲糕者。蘋果太熟，上口不脆，竟有蒸之以爲脯者。他如《遵生八箋》之秋藤餅，李笠翁之玉蘭糕，都是矯揉造作，以杞柳爲杯棬，全失大方。譬如庸德庸行，做到家便是聖人，何必索隱行怪乎？

戒停頓

物味取鮮，全在起鍋時極鋒而試；略爲停頓，便如霉過衣裳，雖錦綉綺羅，亦晦悶而舊氣可憎矣。嘗見性急主人，每擺菜必一齊搬出。于是厨人將一席之菜，都放蒸籠中，候主人催取，通行齊上。此中尚得有佳味哉？在善烹飪者，一盤一碗，費盡心思；在吃者，鹵莽暴戾，囫圇吞下，真所謂得哀家梨，仍復蒸食者矣。余到粤東，食楊蘭坡明府鱔羹而美，訪其故，曰：『不過現殺現烹、現熟現吃，不停頓而已。』他物皆可類推。

戒暴殄

暴者不恤人功，殄者不惜物力。鷄、魚、鵝、鴨，自首至尾，俱有味存，不必少取多弃也。嘗見烹甲魚者，專取其裙而不知味在肉中；蒸鰣魚者，專取其肚而不知鮮在背上。至賤莫如腌蛋，其佳處雖在黄不在白，然全去其白而專取其黄，則食者亦覺索然矣。且予爲此言，并非俗人惜福之謂，假使暴殄而有益于飲食，猶之可也。暴殄而反累于飲食，又何苦爲之？至于烈炭以炙活鵝之掌，剸刀以取生鷄之肝，皆君子所不爲也。何也？物爲人用，使之死可也，使之求死不得不可也。

戒縱酒

事之是非，惟醒人能知之；味之美惡，亦惟醒人能知之。伊尹曰：『味之精微，口不能言也。』口且不能言，豈有呼呶酗酒之人能知味者乎？往往見拇戰之徒，啖佳菜如啖木屑，心不存焉。所謂惟酒是務，焉知其餘，而治味之道掃地矣。萬不得已，先于正席嘗菜之味，後于撤席逞酒之能，庶乎其兩可也。

戒火鍋

冬日宴客，慣用火鍋，對客喧騰，已屬可厭；且各菜之味，有一定火候，宜文宜武，宜撤宜添，瞬息難差。今一例以火逼之，其味尚可問哉？近人用燒酒代炭，以爲得計，而不知物經多滾，總能變味。或問：菜冷奈何？曰：以起鍋滚熱之菜，不使客登時食盡，而尚能留之以至于冷，則其味之惡劣可知矣。

戒强讓

治具宴客，禮也。然一肴既上，理宜憑客舉箸，精肥整碎，各有所好，聽從客便，方是道理，何必强勉讓之？常見主人以箸夾取，堆置客前，污盤没碗，令人生厭。須知客非無手無目之人，又非兒童、新婦，怕羞忍餓，何必以村嫗小家子之見解待之？其慢客也至矣！近日倡家，尤多此種惡習，以箸取菜，硬入人口，有類强奸，殊爲可惡。長安有甚好請客而菜不佳者，一客問曰：『我與君算相好乎？』主人曰：『相好！』客跽而請曰：『果然相好，我有所求，必允許而後起。』主人驚問：『何求？』曰：『此後君家宴客，求免見招。』合坐爲之大笑。

戒走油

凡魚、肉、鷄、鴨，雖極肥之物，總要使其油在肉中，不落湯中，其味方存而不散。若肉中之油，半落湯中，則湯中之味，反在肉外矣。推原其病有三：一誤于火太猛，滚急水乾，重番加水；一誤于火勢忽停，既斷復續；一病在于太要相度，屢起鍋蓋，則油必走。

戒落套

唐詩最佳，而五言八韵之試帖，名家不選，何也？以其落套故也。詩尚如此，食亦宜然。今官場之菜，名號有『十六碟』『八簋』『四點心』之稱，有『滿漢席』之稱，有『八小吃』之稱，有『十大菜』之稱，種種俗名，皆惡厨陋習。只可用之于新親上門，上司入境，以此敷衍；配上椅披桌裙，插屏香案，三揖百拜方稱。若家居歡宴，文酒開筵，安可用此惡套哉？必須盤碗參差，整散雜進，方有名貴之氣象。余家壽筵婚席，動至五六桌者，傳喚外厨，亦不免落套。然訓練之卒，範我馳驅者，其味亦終竟不同。

戒混濁

混濁者，并非濃厚之謂。同一湯也，望去非黑非白，如缸中攪渾之水。同一滷也，食之不清不膩，如染缸倒出之漿。此種色味令人難耐。救之之法，總在洗净本身，善加作料，伺察水火，體驗酸鹹，不使食者舌上有隔皮隔膜之嫌。庾子山論文云：『索索無真氣，昏昏有俗心。』是即混濁之謂也。

戒苟且

凡事不宜苟且，而于飲食尤甚。厨者，皆小人下材，一日不加賞罰，則一日必生怠玩。火齊未到而姑且下咽，則明日之菜必更加生。真味已失而含忍不言，則下次之羹必加草率。且又不止空賞空罰而已也。其佳者，必指示其所以能佳之由；其劣者，必尋求其所以致劣之故。鹹淡必適其中，不可絲毫加減；久暫必得其當，不可任意登盤。厨者偷安，吃者隨便，皆飲食之大弊。審問慎思明辨，爲學之方也；隨時指點，教學相長，作師之道也。于是味何獨不然？

卷三 海鮮單

古八珍并無海鮮之説。今世俗尚之，不得不吾從衆。作《海鮮單》。

燕窩

燕窩貴物，原不輕用。如用之，每碗必須二兩，先用天泉滚水泡之，將銀針挑去黑絲。用嫩鷄湯、好火腿湯、新蘑菇三樣湯滚之，看燕窩變成玉色爲度。此物至清，不可以油膩雜之；此物至文，不可以武物串之。今人用肉絲、鷄絲雜之，是吃鷄絲、肉絲，非吃燕窩也。且徒務其名，往往以三錢生燕窩蓋碗面，如白髮數莖，使客一撩不見，空剩粗物滿碗。真乞兒賣富，反露貧相。不得已則蘑菇絲、筍尖絲、鯽魚肚、野鷄嫩片尚可用也。余到粵東，楊明府冬瓜燕窩甚佳，以柔配柔，以清入清，重用鷄汁、蘑菇汁而已。燕窩皆作玉色，不純白也。或打作團，或敲成麵，俱屬穿鑿。

海參三法

海參，無味之物，沙多氣腥，最難討好。然天性濃重，斷不可以清湯煨也。須檢小刺參，先泡去沙泥，用肉湯滚泡三次，然後以鷄、肉兩汁紅煨極爛。輔佐則用香蕈、木耳，以其色黑相似也。大抵明日訪客，則先一日要煨，海參纔爛。嘗見錢觀察家，夏日用芥末、鷄汁拌冷海參絲，甚佳。或切小碎丁，用笋丁、香蕈丁入鷄湯煨作羹。蔣侍郎家用豆腐皮、鷄腿、蘑菇煨海參，亦佳。

魚翅二法

魚翅難爛，須煮兩日，纔能摧剛爲柔。用有二法：一用好火腿、好鷄湯，加鮮筍、冰糖錢許煨爛，此一法也；一純用鷄湯串細蘿蔔絲，拆碎鱗翅攙和其中，飄浮碗面，令食者不能辨其爲蘿蔔絲、爲魚翅，此又一法也。用火腿者，湯宜少；用蘿蔔絲者，湯宜多。總以融洽柔膩爲佳。若海參觸鼻，魚翅跳盤，便成笑話。吳道士家做魚翅，不用下鱗，單用上半原根，亦有風味。蘿蔔絲須出水二次，其臭纔去。嘗在郭耕禮家吃魚翅炒菜，妙絶！惜未傳其方法。

鰒魚

鰒魚炒薄片甚佳，楊中丞家削片入鷄湯豆腐中，號稱『鰒魚豆腐』；上加陳糟油澆之。莊太守用大塊鰒魚煨整鴨，亦别有風趣。但其性堅，終不能齒决。火煨三日，纔拆得碎。

淡菜

淡菜煨肉加湯，頗鮮，取肉去心，酒炒亦可。

海蝘

海蝘，寧波小魚也，味同蝦米，以之蒸蛋甚佳。作小菜亦可。

烏魚蛋

烏魚蛋最鮮，最難服事。須河水滚透，撤沙去臊，再加鷄湯、蘑菇煨爛。龔雲岩司馬家，製之最精。

江瑶柱

江瑶柱出寧波，治法與蚶、蟶同。其鮮脆在柱，故剖殼時，多弃少取。

蠣黃

蠣黃生石子上，殼與石子膠粘不分。剥肉作羹，與蚶、蛤相似。一名鬼眼。樂清、奉化兩縣土産，别地所無。

卷四　江鮮單

郭璞《江賦》魚族甚繁，今擇其常有者治之。作《江鮮單》。

刀魚二法

刀魚用蜜酒釀、清醬，放盤中，如鰣魚法，蒸之最佳。不必加水。如嫌刺多，則將極快刀刮取魚片，用鉗抽去其刺。用火腿湯、鷄湯、笋湯煨之，鮮妙絶倫。金陵人畏其多刺，竟油炙極枯，然後煎之。諺曰：『駝背夾直，其人不活。』此之謂也。或用快刀將魚背斜切之，使碎骨盡斷，再下鍋煎黄，加作料，臨食時竟不知有骨：蕪湖陶大太法也。

鰣魚

鯽魚用蜜酒蒸食，如治刀魚之法便佳。或竟用油煎，加清醬、酒釀亦佳。萬不可切成碎塊，加鷄湯煮；或去其背，專取肚皮，則真味全失矣。

鱘魚

尹文端公自誇治鱘鰉最佳。然煨之太熟，頗嫌重濁。惟在蘇州唐氏吃炒鰉魚片甚佳。其法切片油炮，加酒、秋油滚三十次，下水再滚起鍋，加作料，重用瓜、薑、葱花。又一法，將魚白水煮十滚，去大骨，肉切小方塊，取明骨切小方塊；鷄湯去沫，先煨明骨八分熟，下酒、秋油，再下魚肉，煨二分爛起鍋，加葱、椒、韭，重用薑汁一大杯。

黄魚

黄魚切小塊，醬酒鬱一個時辰，瀝乾。入鍋爆炒兩面黄，加金華豆豉一茶杯，甜酒一碗，秋油一小杯，同滚。候滷乾色紅，加糖，加瓜薑收起，有沉浸濃郁之妙。又一法，將黄魚拆碎，入鷄湯作羹，微用甜醬水、縴粉收起之，亦佳。大抵黄魚亦係濃厚之物，不可以清治之也。

班魚

班魚最嫩，剥皮去穢，分肝、肉二種，以鷄湯煨之，下酒三分、水二分、秋油一分；起鍋時，加薑汁一大碗、葱數莖，殺去腥氣。

假蟹

煮黄魚二條，取肉去骨，加生鹽蛋四個，調碎，不拌入魚肉；起油鍋炮，下鷄湯滚，將鹽蛋攪勻，加香蕈、葱、薑汁、酒，吃時酌用醋。

卷五　特牲單

猪用最多，可稱『廣大教主』。宜古人有特豚饋食之禮。作《特牲單》。

猪頭二法

洗净五斤重者，用甜酒三斤；七八斤者，用甜酒五斤。先將猪頭下鍋同酒煮，下葱三十根、八角三錢，煮二百餘滚；下秋油一大杯、糖一兩，候熟後嘗鹹淡，再將秋油加減；添開水要漫過猪頭一寸，上壓重物，大火燒一炷香；退出大火，用文火細煨，收乾以膩爲度；爛後即開鍋蓋，遲則走油。一法打木桶一個，中用銅簾隔開，將猪頭洗净，加作料悶入桶中，用文火隔湯蒸之，猪頭熟爛，而其膩垢悉從桶外流出，亦妙。

猪蹄四法

蹄膀一隻，不用爪，白水煮爛，去湯，好酒一斤，清醬酒杯半，陳皮一錢，紅棗四五個，煨爛。起鍋時，用葱、椒、酒潑入，去陳皮、紅棗，此一法也。又一法：先用蝦米煎湯代水，加酒、秋油煨之。又一法：用蹄膀一隻，先煮熟，用素油灼皺其皮，再加作料紅煨。有土人好先掇食其皮，號稱『揭單被』。又一法：用蹄膀一個，兩鉢合之，加酒、加秋油，隔水蒸之，以二枝香爲度，號『神仙肉』。錢觀察家製最精。

猪爪、猪筋

專取猪爪，剔去大骨，用鷄肉湯清煨之。筋味與爪相同，可以搭配；有好腿爪，亦可攙入。

猪肚二法

將肚洗净，取極厚處，去上下皮，單用中心，切骰子塊，滚油炮炒，加作料起鍋，以極脆爲佳。此北人法也。南人白水加酒，煨兩枝香，以極爛爲度，蘸清鹽食之，亦可；或加鷄湯作料，煨爛熏切，亦佳。

猪肺二法

洗肺最難，以冽盡肺管血水，剔去包衣爲第一着。敲之仆之，挂之倒之，抽管割膜，工夫最細。用酒水滚一日一夜。肺縮小如一片白芙蓉，浮于湯面，再加作料。上口如泥。湯西厓少宰宴客，每碗四片，已用四肺矣。近人無此工夫，只得將肺拆碎，入鷄湯煨爛，亦佳。得野鷄湯更妙，以清配清故也。用好火腿煨亦可。

猪腰

腰片炒枯則木，炒嫩則令人生疑；不如煨爛，蘸椒鹽食之爲佳，或加作料亦可。只宜手摘，不宜刀切。但須一日工夫，纔得如泥耳。此物只宜獨用，斷不可攙入別菜中，最能奪味而惹腥。燒三刻則老，煨一日則嫩。

猪裏肉

猪裏肉，精而且嫩，人多不食。嘗在揚州謝蘊山太守席上，食而甘之。云以裏肉切片，用縴粉團成小把，入蝦湯中，加香蕈、紫菜清煨，一熟便起。

白片肉

須自養之猪，宰後入鍋，煮到八分熟，泡在湯中，一個時辰取起。將猪身上行動之處，薄片上桌。不冷不熱，以温爲度。此是北人擅長之菜。南人效之，終不能佳。且零星市脯，亦難用也。寒士請客，寧用燕窩，不用白片肉，以非多不可故也。割法須用小快刀片之，以肥瘦相參，横斜碎雜爲佳，與聖人『割不正不食』一語，截然相反。其猪身，肉之名目甚多。滿洲『跳神肉』最妙。

紅煨肉三法

或用甜醬，或用秋油，或竟不用秋油、甜醬。每肉一斤，用鹽三錢，純酒煨之；亦有用水者，但須熬乾水氣。三種治法皆紅如琥珀，不可加糖炒色。早起鍋則黄，當可則紅，過遲則紅色變紫，而精肉轉硬。常起鍋蓋，則油走而味都在油中矣。大抵割肉雖方，以爛到不見鋒棱，上口而精肉俱化爲妙。全以火候爲主。諺云：『緊火粥，慢火肉。』至哉言乎！

白煨肉

每肉一斤，用白水煮八分好，起出去湯；用酒半斤，鹽二錢半，煨一個時辰。用原湯一半加入，滾乾湯膩爲度，再加葱、椒、木耳、韭菜之類。火先武後文。又一法：每肉一斤，用糖一錢，酒半斤，水一斤，清醬半茶杯；先放酒，滾肉一二十次，加茴香一錢，加水悶爛，亦佳。

油灼肉

用硬短勒切方塊，去筋襻，酒醬鬱過，入滾油中炮炙之，使肥者不膩，精者肉鬆。將起鍋時，加葱、蒜，微加醋噴之。

乾鍋蒸肉

用小磁鉢，將肉切方塊，加甜酒、秋油，裝大鉢內封口，放鍋內，下用文火乾蒸之。以兩枝香爲度，不用水。秋油與酒之多寡，相肉而行，以蓋滿肉面爲度。

蓋碗裝肉

放手爐上。法與前同。

磁罎裝肉

放礱糠中慢煨。法與前同。總須封口。

脱沙肉

去皮切碎，每一斤用鷄子三個，青黄俱用，調和拌肉；再斬碎，入秋油半酒杯，葱末拌匀，用網油一張裹之；外再用菜油四兩，煎兩面，起出去油；用好酒一茶杯，清醬半酒杯，悶透，提起切片；肉之面上，加韭菜、香蕈、筍丁。

曬乾肉

切薄片精肉，曬烈日中，以乾爲度。用陳大頭菜，夾片乾炒。

火腿煨肉

火腿切方塊，冷水滚三次，去湯瀝乾；將肉切方塊，冷水滚二次，去湯瀝乾；放清水煨，加酒四兩、葱、椒、筍、香蕈。

台鯗煨肉

法與火腿煨肉同。鯗易爛，須先煨肉至八分，再加鯗；凉之則號『鯗凍』。紹興人菜也。鯗不佳者，不必用。

粉蒸肉

用精肥參半之肉，炒米粉黄色，拌麵醬蒸之，下用白菜作墊。

熟時不但肉美，菜亦美。以不見水，故味獨全。江西人菜也。

熏煨肉

先用秋油、酒將肉煨好，帶汁上木屑，略熏之，不可太久，使乾濕參半，香嫩异常。吴小谷廣文家製之精極。

芙蓉肉

精肉一斤，切片，清醬拖過，風乾一個時辰。用大蝦肉四十個，猪油二兩，切骰子大，將蝦肉放在猪肉上。一隻蝦，一塊肉，敲扁，將滚水煮熟撩起。熬菜油半斤，將肉片放在眼銅勺内，將滚油灌熟。再用秋油半酒杯，酒一杯，鷄湯一茶杯，熬滚，澆肉片上，加蒸粉、葱、椒糁上起鍋。

荔枝肉

用肉切大骨牌片，放白水煮二三十滾，撩起；熬菜油半斤，將肉放入炮透，撩起，用冷水一激，肉皺，撩起；放入鍋內，用酒半斤，清醬一小杯，水半斤，煮爛。

八寶肉

用肉一斤，精、肥各半，白煮一二十滾，切柳葉片。小淡菜二兩，鷹爪二兩，香蕈一兩，花海蜇二兩，胡桃肉四個去皮，笋片四兩，好火腿二兩，麻油一兩。將肉入鍋，秋油、酒煨至五分熟，再加餘物，海蜇下在最後。

菜花頭煨肉

用臺心菜嫩蕊，微腌，曬乾用之。

炒肉絲

切細絲，去筋襻、皮、骨，用清醬、酒鬱片時，用菜油熬起，白烟變青烟後，下肉炒匀，不停手，加蒸粉，醋一滴，糖一撮，葱白、韭蒜之類；只炒半斤，大火，不用水。又一法：用油炮後，用醬水加酒略煨，起鍋紅色，加韭菜尤香。

炒肉片

將肉精、肥各半，切成薄片，清醬拌之。入鍋油炒，聞響即加醬、水、葱、瓜、冬笋、韭芽，起鍋火要猛烈。

八寶肉圓

猪肉精、肥各半，斬成細醬，用松仁、香蕈、笋尖、荸薺、瓜、薑之類，斬成細醬，加縴粉和捏成團，放入盤中，加甜酒、秋油蒸之。入口鬆脆。家致華云：『肉圓宜切，不宜斬。』必別有所見。

空心肉圓

將肉捶碎鬱過，用凍猪油一小團作餡子，放在團内蒸之，則油流去，而團子空心矣。此法鎮江人最善。

鍋燒肉

煮熟不去皮，放麻油灼過，切塊加鹽，或蘸清醬亦可。

醬肉

先微腌，用麵醬醬之，或單用秋油拌鬱，風乾。

糟肉

先微腌，再加米糟。

暴腌肉

微鹽擦揉，三日内即用。以上三味，皆冬月菜也。春夏不宜。

尹文端公家風肉

殺猪一口，斬成八塊，每塊炒鹽四錢，細細揉擦，使之無微不到。然後高挂有風無日處。偶有蟲蝕，以香油塗之。夏日取用，先放水中泡一宵，再煮，水亦不可太多太少，以蓋肉面爲度。削片時，用快刀横切，不可順肉絲而斬也。此物惟尹府至精，常以進貢。今徐州風肉不及，亦不知何故。

家鄉肉

杭州家鄉肉，好醜不同。有上、中、下三等。大概淡而能鮮，精肉可横咬者爲上品。放久即是好火腿。

筍煨火肉

冬筍切方塊，火肉切方塊，同煨。火腿撤去鹽水兩遍，再入冰糖煨爛。席武山别駕云：凡火肉煮好後，若留作次日吃者，須留原湯，待次日將火肉投入湯中滚熱纔好。若乾放離湯，則風燥而肉枯；用白水，則又味淡。

燒小猪

小猪一個，六七斤重者，鉗毛去穢，叉上炭火炙之。要四面齊到，以深黄色爲度。皮上慢慢以奶酥油塗之，屢塗屢炙。食時酥爲上，脆次之，硬斯下矣。旗人有單用酒、秋油蒸者，亦惟吾家龍文弟頗得其法。

燒猪肉

凡燒猪肉，須耐性。先炙裏面肉，使油膏走入皮内，則皮鬆脆而味不走。若先炙皮，則肉上之油盡落火上，皮既焦硬，味亦不佳。

燒小豬亦然。

排骨

取勒條排骨精肥各半者，抽去當中直骨，以葱代之，炙用醋、醬，頻頻刷上，不可太枯。

羅蓑肉

以作鷄鬆法作之。存蓋面之皮，將皮下精肉斬成碎團，加作料烹熟。聶厨能之。

端州三種肉

一羅蓑肉。一鍋燒白肉，不加作料，以芝麻、鹽拌之；切片煨好，以清醬拌之。三種俱宜于家常。端州聶、李二厨所作。特令楊二學之。

楊公圓

楊明府作肉圓，大如茶杯，細膩絶倫。湯尤鮮潔，入口如酥。大概去筋去節，斬之極細，肥瘦各半，用縴合勻。

黄芽菜煨火腿

用好火腿，削下外皮，去油存肉。先用鷄湯將皮煨酥，再將肉煨酥，放黄芽菜心，連根切段，約二寸許長；加蜜、酒釀及水，連煨半日。上口甘鮮，肉菜俱化，而菜根及菜心絲毫不散。湯亦美極。朝天宫道士法也。

蜜火腿

取好火腿，連皮切大方塊，用蜜酒煨極爛，最佳。但火腿好醜、高低，判若天淵。雖出金華、蘭溪、義烏三處，而有名無實者多。其不佳者，反不如腌肉矣。惟杭州忠清里王三房家，四錢一斤者佳。

余在尹文端公蘇州公館吃過一次，其香隔户便至，甘鮮异常。此後不能再遇此尤物矣。

卷六　雜牲單

牛、羊、鹿三牲，非南人家常時有之之物。然製法不可不知，作《雜牲單》。

牛肉

買牛肉法，先下各鋪定錢，湊取腿筋夾肉處，不精不肥。然後帶回家中，剔去皮膜，用三分酒、二分水清煨，極爛；再加秋油收湯。此太牢獨味孤行者也，不可加別物配搭。

牛舌

牛舌最佳。去皮、撕膜、切片，入肉中同煨。亦有冬腌風乾者，隔年食之，極似好火腿。

羊頭

羊頭毛要去净；如去不净，用火燒之。洗净切開，煮爛去骨。其口內老皮，俱要去净。將眼睛切成二塊，去黑皮，眼珠不用，切成碎丁。取老肥母鷄湯煮之，加香蕈、笋丁，甜酒四兩，秋油一杯。如吃辣，用小胡椒十二顆、葱花十二段；如吃酸，用好米醋一杯。

羊蹄

煨羊蹄，照煨猪蹄法，分紅、白二色。大抵用清醬者紅，用鹽者白。山藥配之宜。

羊羹

取熟羊肉斬小塊，如骰子大。鷄湯煨，加笋丁、香蕈丁、山藥丁同煨。

羊肚羹

將羊肚洗净，煮爛切絲，用本湯煨之。加胡椒、醋俱可。北人炒法，南人不能如其脆。錢璵沙方伯家鍋燒羊肉極佳，將求其法。

紅煨羊肉

與紅煨猪肉同。加刺眼、核桃，放入去膻，亦古法也。

炒羊肉絲

與炒猪肉絲同。可以用縴，愈細愈佳。葱絲拌之。

燒羊肉

羊肉切大塊，重五七斤者，鐵叉火上燒之。味果甘脆，宜惹宋仁宗夜半之思也。

全羊

全羊法有七十二種，可吃者不過十八九種而已。此屠龍之技，家厨難學。一盤一碗，雖全是羊肉，而味各不同纔好。

鹿肉

鹿肉不可輕得。得而製之，其嫩鮮在獐肉之上。燒食可，煨食亦可。

鹿筋二法

鹿筋難爛。須三日前，先捶煮之，絞出臊水數遍，加肉汁湯煨之，再用鷄汁湯煨；加秋油、酒，微縴收湯；不攙他物，便成白色，用盤盛之。如兼用火腿、冬笋、香蕈同煨，便成紅色，不收湯，以碗盛之。白色者，加花椒細末。

獐肉

製獐肉，與製牛、鹿同。可以作脯。不如鹿肉之活，而細膩過之。

果子狸

果子狸，鮮者難得。其腌乾者，用蜜酒釀蒸熟，快刀切片上桌。先用米泔水泡一日，去盡鹽穢。較火腿覺嫩而肥。

假牛乳

用鷄蛋清拌蜜酒釀，打掇入化，上鍋蒸之。以嫩膩爲主。火候遲便老，蛋清太多亦老。

鹿尾

尹文端公品味，以鹿尾爲第一。然南方人不能常得。從北京來者，又苦不鮮新。余嘗得極大者，用菜葉包而蒸之，味果不同。其最佳處，在尾上一道漿耳。

卷七　羽族單

雞功最巨，諸菜賴之。如善人積陰德而人不知。故令領羽族之首，而以他禽附之。作《羽族單》。

白片雞

肥雞白片，自是太羹、玄酒之味。尤宜于下鄉村、入旅店，烹飪不及之時，最爲省便。煮時水不可多。

雞鬆

肥雞一隻，用兩腿，去筋骨剁碎，不可傷皮。用雞蛋清、粉縴、松子肉，同剁成塊。如腿不敷用，添脯子肉，切成方塊，用香油灼黄，起放鉢頭内，加百花酒半斤、秋油一大杯、雞油一鐵勺，加冬笋、香蕈、薑、葱等。將所餘雞骨皮蓋面，加水一大碗，下蒸籠蒸透，臨吃去之。

生炮鷄

小雛鷄斬小方塊，秋油、酒拌，臨吃時拿起，放滚油内灼之，起鍋又灼，連灼三回，盛起，用醋、酒、粉縴、葱花噴之。

鷄粥

肥母鷄一隻，用刀將兩脯肉去皮細刮，或用刨刀亦可；只可刮刨，不可斬，斬之便不膩矣。再用餘鷄熬湯下之。吃時加細米粉、火腿屑、松子肉，共敲碎放湯内。起鍋時放葱、薑，澆鷄油，或去渣，或存渣，俱可。宜于老人。大概斬碎者去渣，刮刨者不去渣。

焦鷄

肥母鷄洗净，整下鍋煮。用猪油四兩、茴香四個，煮成八分熟，再拿香油灼黄，還下原湯熬濃，用秋油、酒、整葱收起。臨上片碎，并將原滷澆之，或拌蘸亦可。此楊中丞家法也。方輔兄家亦好。

捶鷄

將整鷄捶碎，秋油、酒煮之。南京高南昌太守家製之最精。

炒鷄片

用鷄脯肉去皮，斬成薄片。用豆粉、麻油、秋油拌之，縴粉調之，鷄蛋清拌。臨下鍋加醬、瓜、薑、葱花末。須用極旺之火炒。一盤不過四兩，火氣纔透。

蒸小鷄

用小嫩鷄雛，整放盤中，上加秋油、甜酒、香蕈、笋尖，飯鍋上蒸之。

醬鷄

生鷄一隻，用清醬浸一晝夜，而風乾之。此三冬菜也。

鷄丁

取鷄脯子，切骰子小塊，入滚油炮炒之，用秋油、酒收起；加荸薺丁、笋丁、香蕈丁拌之，湯以黑色爲佳。

鷄圓

斬鷄脯子肉爲圓，如酒杯大，鮮嫩如蝦團。揚州臧八太爺家製之最精。法用猪油、蘿蔔、縴粉揉成，不可放餡。

蘑菇煨鷄

口蘑菇四兩，開水泡去砂，用冷水漂，牙刷擦，再用清水漂四次，用菜油二兩炮透，加酒噴。將鷄斬塊放鍋内，滚去沫，下甜酒、清醬，煨八分功程，下蘑菇，再煨二分功程，加笋、葱、椒起鍋，不用水，加冰糖三錢。

梨炒鷄

取雛鷄胸肉切片，先用猪油三兩熬熟，炒三四次，加麻油一瓢，縴粉、鹽花、薑汁、花椒末各一茶匙，再加雪梨薄片、香蕈小塊，炒三四次起鍋，盛五寸盤。

假野鷄卷

將脯子斬碎，用鷄子一個，調清醬鬱之，將網油畫碎，分包小包，油裹炮透，再加清醬、酒作料，香蕈、木耳起鍋，加糖一撮。

黄芽菜炒鷄

將鷄切塊，起油鍋生炒透，酒滚二三十次，加秋油後滚二三十次，下水滚，將菜切塊，俟鷄有七分熟，將菜下鍋；再滚三分，加糖、葱、大料。其菜要另滚熟攙用。每一隻用油四兩。

栗子炒鷄

鷄斬塊，用菜油二兩炮，加酒一飯碗，秋油一小杯，水一飯碗，煨七分熟；先將栗子煮熟，同笋下之，再煨三分起鍋，下糖一撮。

灼八塊

嫩鷄一隻，斬八塊，滚油炮透，去油，加清醬一杯、酒半斤，煨熟便起，不用水，用武火。

珍珠團

熟鷄脯子，切黄豆大塊，清醬、酒拌匀，用乾麵滚滿，入鍋炒。炒用素油。

黃芪蒸鷄治瘵

取童鷄未曾生蛋者殺之，不見水，取出肚臟，塞黃芪一兩，架箸放鍋內蒸之，四面封口，熟時取出。滷濃而鮮，可療弱症。

滷鷄

囫圇鷄一隻，肚內塞葱三十條、茴香二錢，用酒一斤、秋油一小杯半，先滚一枝香，加水一斤、脂油二兩，一齊同煨；待鷄熟，取出脂油。水要用熟水，收濃滷一飯碗，纔取起；或拆碎，或薄刀片之，仍以原滷拌食。

蔣鷄

童子鷄一隻，用鹽四錢、醬油一匙、老酒半茶杯、薑三大片，放砂鍋內，隔水蒸爛，去骨，不用水。蔣御史家法也。

唐鷄

鷄一隻，或二斤，或三斤，如用二斤者，用酒一飯碗、水三飯碗；用三斤者，酌添。先將鷄切塊，用菜油二兩，候滚熟，爆鷄要透；先用酒滚一二十滚，再下水約二三百滚；用秋油一酒杯；起鍋時加白糖一錢。唐静涵家法也。

鷄肝

用酒、醋噴炒，以嫩爲貴。

鷄血

取鷄血爲條，加鷄湯、醬、醋、縴粉作羹，宜于老人。

鷄絲

拆鷄爲絲，秋油、芥末、醋拌之。此杭州菜也。加笋加芹俱可。

用笋絲、秋油、酒炒之亦可。拌者用熟鷄，炒者用生鷄。

糟鷄

糟鷄法，與糟肉同。

鷄腎

取鷄腎三十個，煮微熟，去皮，用鷄湯加作料煨之。鮮嫩絶倫。

鷄蛋

鷄蛋去殼放碗中，將竹箸打一千回蒸之，絶嫩。凡蛋一煮而老，一千煮而反嫩。加茶葉煮者，以兩炷香爲度。蛋一百，用鹽一兩；五十，用鹽五錢。加醬煨亦可。其他則或煎或炒俱可。斬碎黄雀蒸之，亦佳。

野鷄五法

野鷄披胸肉，清醬鬱過，以網油包放鐵奩上燒之。作方片可，作卷子亦可。此一法也。切片加作料炒，一法也。取胸肉作丁，一法也。當家鷄整煨，一法也。先用油灼拆絲，加酒、秋油、醋，同芹菜冷拌，一法也。生片其肉，火入鍋中，登時便吃，亦一法也。其弊在肉嫩則味不入，味入則肉又老。

赤炖肉鷄

赤炖肉鷄，洗切净，每一斤用好酒十二兩、鹽二錢五分、冰糖四錢，研酌加桂皮，同入砂鍋中，文炭火煨之。倘酒將乾，鷄肉尚未爛，每斤酌加清開水一茶杯。

蘑菇煨鷄

鷄肉一斤，甜酒一斤，鹽三錢，冰糖四錢，蘑菇用新鮮不霉者，文火煨兩枝綫香爲度。不可用水，先煨鷄八分熟，再下蘑菇。

鴿子

鴿子加好火腿同煨，甚佳。不用火肉，亦可。

鴿蛋

煨鴿蛋法，與煨鷄腎同。或煎食亦可，加微醋亦可。

野鴨

野鴨切厚片，秋油鬱過，用兩片雪梨，夾住炮炒之。蘇州包道臺家製法最精，今失傳矣。用蒸家鴨法蒸之，亦可。

蒸鴨

生肥鴨去骨，内用糯米一酒杯，火腿丁、大頭菜丁、香蕈、笋丁、秋油、酒、小磨麻油、葱花，俱灌鴨肚内，外用鷄湯放盤中，隔水蒸透。此真定魏太守家法也。

鴨糊塗

用肥鴨，白煮八分熟，冷定去骨，拆成天然不方不圓之塊，下原湯内煨，加鹽三錢、酒半斤，捶碎山藥，同下鍋作縴，臨煨爛時，再加薑末、香蕈、葱花。如要濃湯，加放粉縴。以芋代山藥亦妙。

滷鴨

不用水，用酒，煮鴨去骨，加作料食之。高要令楊公家法也。

鴨脯

用肥鴨，斬大方塊，用酒半斤、秋油一杯、笋、香蕈、葱花悶之，收滷起鍋。

燒鴨

用雛鴨，上叉燒之。馮觀察家厨最精。

挂滷鴨

塞葱鴨腹，蓋悶而燒。水西門許店最精。家中不能作。有黄、黑二色，黄者更妙。

乾蒸鴨

杭州商人何星舉家乾蒸鴨，將肥鴨一隻，洗净斬八塊，加甜酒、秋油，淹滿鴨面，放磁罐中封好，置乾鍋中蒸之；用文炭火，不用水，臨上時，其精肉皆爛如泥。以綫香二枝爲度。

野鴨團

細斬野鴨胸前肉，加猪油微縴，調揉成團，入鷄湯滾之。或用本鴨湯亦佳。大興孔親家製之甚精。

徐鴨

頂大鮮鴨一隻，用百花酒十二兩、青鹽一兩二錢、滚水一湯碗，冲化去渣沫，再兑冷水七飯碗，鮮薑四厚片，約重一兩，同入大瓦蓋鉢内，將皮紙封固口，用大火籠燒透大炭吉三元；外用套包一個，將火籠罩定，不可令其走氣。約早點時炖起，至晚方好。速則恐其不透，味便不佳矣。其炭吉燒透後，不宜更换瓦鉢，亦不宜預先開看。鴨破開時，將清水洗後，用潔净無漿布拭乾入鉢。

煨麻雀

取麻雀五十隻，以清醬、甜酒煨之，熟後去爪脚，單取雀胸、頭肉，連湯放盤中，甘鮮异常。其他鳥鵲俱可類推，但鮮者一時難得。薛生白常勸人：『勿食人間豢養之物』，以野禽味鮮，且易消化。

煨鵪鶉、黄雀

鵪鶉用六合來者最佳。有現成製好者。黄雀用蘇州糟，加蜜酒煨爛，下作料，與煨麻雀同。蘇州沈觀察煨黄雀，并骨如泥，不知作何製法。炒魚片亦精。其厨饌之精，合吴門推爲第一。

雲林鵝

《倪雲林集》中，載製鵝法。整鵝一隻，洗净後，用鹽三錢擦其腹内，塞葱一帚填實其中，外將蜜拌酒通身滿塗之，鍋中一大碗酒、一大碗水蒸之，用竹箸架之，不使鵝身近水。竈内用山茅二束，緩緩燒盡爲度。俟鍋蓋冷後，揭開鍋蓋，將鵝翻身，仍將鍋蓋封好蒸之，再用茅柴一束，燒盡爲度；柴俟其自盡，不可挑撥。鍋蓋用綿紙糊封，逼燥裂縫，以水潤之。起鍋時，不但鵝爛如泥，湯亦鮮美。以此法製鴨，味美亦同。每茅柴一束，重一斤八兩。擦鹽時，串入葱、椒末子，以酒和勻。《雲林集》中載食品甚多，只此一法試之頗效，餘俱附會。

燒鵝

杭州燒鵝，爲人所笑，以其生也。不如家厨自燒爲妙。

卷八　水族有鱗單

魚皆去鱗，惟鰣魚不去。我道有鱗而魚形始全。作《水族有鱗單》。

邊魚

邊魚活者，加酒、秋油蒸之，玉色爲度。一作呆白色，則肉老而味變矣。并須蓋好，不可受鍋蓋上之水氣。臨起加香蕈、笋尖。或用酒煎亦佳。用酒不用水，號『假鰣魚』。

鯽魚

鯽魚先要善買。擇其扁身而帶白色者，其肉嫩而鬆；熟後一提，肉即卸骨而下。黑脊渾身者，崛强槎丫，魚中之喇子也，斷不可食。照邊魚蒸法，最佳。其次煎吃亦妙。拆肉下可以作羹。通州人能煨之，骨尾俱酥，號『酥魚』，利小兒食。然總不如蒸食之得真味也。六合龍池出者，愈大愈嫩，亦奇。蒸時用酒不用水，稍稍用糖以起其鮮。以魚之小大，酌量秋油、酒之多寡。

白魚

白魚肉最細。用糟鰣魚同蒸之，最佳。或冬日微腌，加酒釀糟二日，亦佳。余在江中得網起活者，用酒蒸食，美不可言。糟之最佳；不可太久，久則肉木矣。

季魚

季魚少骨，炒片最佳。炒者以片薄爲貴。用秋油細鬱後，用縴粉、蛋清搯之，入油鍋炒，加作料炒之。油用素油。

土步魚

杭州以土步魚爲上品。而金陵人賤之，目爲虎頭蛇，可發一笑。肉最鬆嫩，煎之、煮之、蒸之俱可。加腌芥作湯、作羹，尤鮮。

魚鬆

用青魚、𩸞魚蒸熟，將肉拆下，放油鍋中灼之黄色，加鹽花、葱、椒、瓜、薑。冬日封瓶中，可以一月。

魚圓

用白魚、青魚活者，剖半釘板上，用刀刮下肉，留刺在板上；將肉斬化，用豆粉、猪油拌，將手攪之；放微微鹽水，不用清醬，加葱、薑汁作團，成後，放滚水中煮熟撩起，冷水養之，臨吃入鷄湯、紫菜滚。

魚片

取青魚、季魚片，秋油鬱之，加縴粉、蛋清，起油鍋炮炒，用小盤盛起，加葱、椒、瓜、薑，極多不過六兩，太多則火氣不透。

連魚豆腐

用大連魚煎熟，加豆腐，噴醬、水、葱、酒滚之，俟湯色半紅起鍋，其頭味尤美。此杭州菜也。用醬多少，須相魚而行。

醋摟魚

用活青魚切大塊，油灼之，加醬、醋、酒噴之，湯多爲妙。俟熟即速起鍋。此物杭州西湖上五柳居最有名，而今則醬臭而魚敗矣。甚矣！宋嫂魚羹，徒存虚名。《夢粱録》不足信也。魚不可大，大則味不入；不可小，小則刺多。

銀魚

銀魚起水時，名冰鮮。加鷄湯、火腿湯煨之。或炒食甚嫩。乾者泡軟，用醬水炒亦妙。

台鯗

台鯗好醜不一。出台州松門者爲佳，肉軟而鮮肥。生時拆之，便可當作小菜，不必煮食也；用鮮肉同煨，須肉爛時放鯗；否則，鯗消化不見矣，凍之即爲鯗凍。紹興人法也。

糟鯗

冬日用大鯉魚，腌而乾之，入酒糟，置罎中，封口。夏日食之。不可燒酒作泡。用燒酒者，不無辣味。

蝦子勒鯗

夏日選白净帶子勒鯗，放水中一日，泡去鹽味，太陽曬乾，入鍋油煎，一面黄取起，以一面未黄者鋪上蝦子，放盤中，加白糖蒸之，以一炷香爲度。三伏日食之絕妙。

魚脯

活青魚去頭尾，斬小方塊，鹽腌透，風乾，入鍋油煎；加作料收滷，再炒芝麻滚拌起鍋。蘇州法也。

家常煎魚

家常煎魚，須要耐性。將鯶魚洗净，切塊鹽腌，壓扁，入油中兩面熯黄，多加酒、秋油，文火慢慢滚之，然後收湯作滷，使作料之味全入魚中。第此法指魚之不活者而言。如活者，又以速起鍋爲妙。

黄姑魚

岳州出小魚，長二三寸，曬乾寄來。加酒剥皮，放飯鍋上，蒸而食之，味最鮮，號『黄姑魚』。

卷九　水族無鱗單

魚無鱗者，其腥加倍，須加意烹飪，以薑、桂勝之。作《水族無鱗單》。

湯鰻

鰻魚最忌出骨。因此物性本腥重，不可過于擺布，失其天真，猶鰣魚之不可去鱗也。清煨者，以河鰻一條，洗去滑涎，斬寸爲段，入磁罐中，用酒水煨爛，下秋油起鍋，加冬腌新芥菜作湯，重用葱、薑之類，以殺其腥。常熟顧比部家用縴粉、山藥乾煨，亦妙。或加作料，直置盤中蒸之，不用水。家致華分司蒸鰻最佳。秋油、酒四六兑，務使湯浮于本身。起籠時，尤要恰好，遲則皮皺味失。

紅煨鰻

鰻魚用酒、水煨爛，加甜醬代秋油，入鍋收湯煨乾，加茴香、大料起鍋。有三病宜戒者：一皮有皺紋，皮便不酥；一肉散碗中，箸夾不起；一早下鹽豉，入口不化。揚州朱分司家製之最精。大抵紅煨者以乾爲貴，使滷味收入鰻肉中。

炸鰻

擇鰻魚大者，去首尾，寸斷之。先用麻油炸熟，取起；另將鮮蒿菜嫩尖入鍋中，仍用原油炒透，即以鰻魚平鋪菜上，加作料，煨一炷香。蒿菜分量，較魚減半。

生炒甲魚

將甲魚去骨，用麻油炮炒之，加秋油一杯、鷄汁一杯。此真定魏太守家法也。

醬炒甲魚

將甲魚煮半熟，去骨，起油鍋炮炒，加醬水、葱、椒，收湯成滷，然後起鍋。此杭州法也。

帶骨甲魚

要一個半斤重者，斬四塊，加脂油三兩，起油鍋煎兩面黃，加水、秋油、酒煨；先武火，後文火，至八分熟加蒜，起鍋用葱、薑、糖。甲魚宜小不宜大，俗號『童子脚魚』纔嫩。

青鹽甲魚

斬四塊，起油鍋炮透。每甲魚一斤，用酒四兩、大茴香三錢、鹽一錢半，煨至半好，下脂油二兩，切小豆塊再煨，加蒜頭、笋尖，起時用葱、椒，或用秋油，則不用鹽。此蘇州唐靜涵家法。甲魚大則老，小則腥，須買其中樣者。

湯煨甲魚

將甲魚白煮，去骨拆碎，用鷄湯、秋油、酒煨湯二碗，收至一碗，起鍋，用葱、椒、薑末糝之。吴竹嶼家製之最佳。微用縴，纔得湯膩。

全殼甲魚

山東楊參將家製甲魚，去首尾，取肉及裙，加作料煨好，仍以原殼覆之。每宴客，一客之前以小盤獻一甲魚。見者悚然，猶慮其動。惜未傳其法。

鱔絲羹

鱔魚煮半熟，劃絲去骨，加酒、秋油煨之，微用縴粉，用真金菜、冬瓜、長葱爲羹。南京厨者輒製鱔爲炭，殊不可解。

炒鱔

拆鱔絲炒之，略焦，如炒肉鷄之法，不可用水。

段鱔

切鱔以寸爲段，照煨鰻法煨之，或先用油炙，使堅，再以冬瓜、鮮笋、香蕈作配，微用醬水，重用薑汁。

蝦圓

蝦圓照魚圓法。鷄湯煨之，乾炒亦可。大概捶蝦時，不宜過細，恐失真味。魚圓亦然。或竟剥蝦肉，以紫菜拌之，亦佳。

蝦餅

以蝦捶爛，團而煎之，即爲蝦餅。

醉蝦

帶殼用酒炙黄，撈起，加清醬、米醋煨之，用碗悶之。臨食，放盤中，其殼俱酥。

炒蝦

炒蝦照炒魚法，可用韭配。或加冬腌芥菜，則不可用韭矣。有捶扁其尾單炒者，亦覺新异。

蟹

蟹宜獨食，不宜搭配他物。最好以淡鹽湯煮熟，自剥自食爲妙。蒸者味雖全，而失之太淡。

蟹羹

剥蟹爲羹，即用原湯煨之，不加鷄汁，獨用爲妙。見俗厨從中

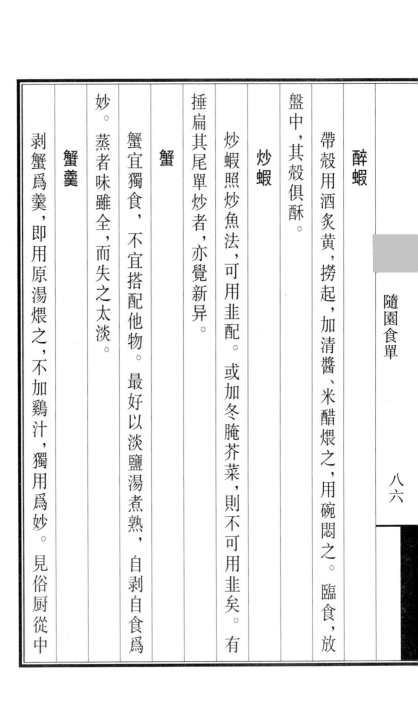

加鴨舌，或魚翅，或海參者，徒奪其味，而惹其腥惡，劣極矣！

炒蟹粉

以現剥現炒之蟹爲佳。過兩個時辰，則肉乾而味失。

剥殼蒸蟹

將蟹剥殼，取肉、取黄，仍置殼中，放五六隻在生鷄蛋上蒸之。上桌時完然一蟹，惟去爪脚。比炒蟹粉覺有新色。楊蘭坡明府以南瓜肉拌蟹，頗奇。

蛤蜊

剥蛤蜊肉，加韭菜炒之，佳。或爲湯亦可。起遲便枯。

蚶

蚶有三吃法。用熱水噴之，半熟去蓋，加酒、秋油醉之；或用鷄湯滚熟，去蓋入湯；或全去其蓋，作羹亦可。但宜速起，遲則肉枯。蚶出奉化縣，品在蟶螯、蛤蜊之上。

蟶螯

先將五花肉切片，用作料悶爛。將蟶螯洗净，麻油炒，仍將肉片連滷烹之。秋油要重些，方得有味。加豆腐亦可。蟶螯從揚州來，慮壞則取殼中肉，置猪油中，可以遠行。有曬爲乾者，亦佳。入鷄湯烹之，味在蟶乾之上。捶爛蟶螯作餅，如蝦餅樣，煎吃加作料亦佳。

程澤弓蟶乾

程澤弓商人家製蟶乾，用冷水泡一日，滚水煮兩日，撤湯五次。一寸之乾，發開有二寸，如鮮蟶一般，纔入鷄湯煨之。揚州人學之，俱不能及。

鮮蟶

烹蟶法與蚌螯同。單炒亦可。何春巢家蟶湯豆腐之妙，竟成絶品。

水鷄

水鷄去身用腿，先用油灼之，加秋油、甜酒、瓜、薑起鍋。或拆肉炒之，味與鷄相似。

熏蛋

將鷄蛋加作料煨好，微微熏乾，切片放盤中，可以佐膳。

茶葉蛋

鷄蛋百個，用鹽一兩、粗茶葉煮兩枝綫香爲度。如蛋五十個，只用五錢鹽，照數加減。可作點心。

卷十　雜素菜單

菜有葷素，猶衣有表裏也。富貴之人，嗜素甚于嗜葷。作《素菜單》。

蔣侍郎豆腐

豆腐兩面去皮，每塊切成十六片，晾乾，用猪油熬，清烟起纔下豆腐，略灑鹽花一撮，翻身後，用好甜酒一茶杯，大蝦米一百二十個；如無大蝦米，用小蝦米三百個。先將蝦米滚泡一個時辰，秋油一小杯，再滚一回，加糖一撮，再滚一回，用細葱半寸許長，一百二十段，緩緩起鍋。

楊中丞豆腐

用嫩豆腐，煮去豆氣，入鷄湯，同鰒魚片滚數刻，加糟油、香蕈起鍋。鷄汁須濃，魚片要薄。

張愷豆腐

將蝦米搗碎，入豆腐中，起油鍋，加作料乾炒。

慶元豆腐

將豆豉一茶杯，水泡爛，入豆腐同炒起鍋。

芙蓉豆腐

用腐腦，放井水泡三次，去豆氣，入鷄湯中滚，起鍋時加紫菜、蝦肉。

王太守八寶豆腐

用嫩片切粉碎，加香蕈屑、蘑菇屑、松子仁屑、瓜子仁屑、鷄屑、火腿屑，同入濃鷄汁中，炒滚起鍋。用腐腦亦可。用瓢不用箸。

孟亭太守云：『此聖祖賜徐健庵尚書方也。尚書取方時，御膳房費一千兩。』太守之祖樓村先生爲尚書門生，故得之。

程立萬豆腐

乾隆廿三年，同金壽門在揚州程立萬家食煎豆腐，精絶無雙。其腐兩面黃乾，無絲毫滷汁，微有蛼螯鮮味。然盤中并無蛼螯及他雜物也。次日告查宣門，查曰：『我能之！我當特請。』已而，同杭堇莆同食于查家，則上箸大笑；乃純是鷄、雀腦爲之，并非真豆腐，肥膩難耐矣。其費十倍于程，而味遠不及也。惜其時余以妹喪急歸，不及向程求方。程逾年亡，至今悔之。仍存其名，以俟再訪。

凍豆腐

將豆腐凍一夜，切方塊，滚去豆味，加鷄湯汁、火腿汁、肉汁煨之。上桌時，撤去鷄、火腿之類，單留香蕈、冬笋。豆腐煨久則鬆，面起蜂窩，如凍腐矣。故炒腐宜嫩，煨者宜老。家致華分司用蘑菇煮豆腐，雖夏月亦照凍腐之法，甚佳。切不可加葷湯，致失清味。

蝦油豆腐

取陳蝦油代清醬炒豆腐，須兩面熯黄。油鍋要熱，用猪油、葱、椒。

蓬蒿菜

取蒿尖，用油灼癟，放鷄湯中滚之，起時加松菌百枚。

蕨菜

用蕨菜不可愛惜，須盡去其枝葉，單取直根，洗净煨爛，再用鷄肉湯煨。必買矮弱者纔肥。

葛仙米

將米細檢淘净，煮半爛，用鷄湯、火腿湯煨。臨上時，要只見米，不見鷄肉、火腿攙和纔佳。此物陶方伯家製之最精。

羊肚菜

羊肚菜出湖北。食法與葛仙米同。

石髪

製法與葛仙米同。夏日用麻油、醋、秋油拌之，亦佳。

珍珠菜

製法與蕨菜同。上江新安所出。

素燒鵝

煮爛山藥，切寸爲段，腐皮包，入油煎之，加秋油、酒、糖、瓜、薑，以色紅爲度。

韭

韭，葷物也。專取韭白，加蝦米炒之便佳。或用鮮蝦亦可，蜆亦可，肉亦可。

芹

芹，素物也，愈肥愈妙。取白根炒之，加笋，以熟爲度。今人有以炒肉者，清濁不倫。不熟者，雖脆無味。或生拌野鷄，又當别論。

豆芽

豆芽柔脆，余頗愛之。炒須熟爛，作料之味，纔能融洽。可配燕窩，以柔配柔，以白配白故也。然以極賤而陪極貴，人多嗤之。不知惟巢、由正可陪堯、舜耳。

茭白

茭白炒肉、炒鷄俱可。切整段，醬、醋炙之，尤佳。煨肉亦佳。須切片，以寸爲度，初出太細者無味。

青菜

青菜擇嫩者，笋炒之。夏日芥末拌，加微醋，可以醒胃。加火腿片，可以作湯。亦須現拔者纔軟。

臺菜

炒臺菜心最懦，剥去外皮，入蘑菇、新笋作湯。炒食加蝦肉，亦佳。

白菜

白菜炒食，或笋煨亦可。火腿片煨、鷄湯煨俱可。

黄芽菜

此菜以北方來者爲佳。或用醋摟，或加蝦米煨之，一熟便吃，遲則色、味俱變。

瓢兒菜

炒瓢菜心，以乾鮮無湯爲貴。雪壓後更軟。王孟亭太守家製之最精。不加別物，宜用葷油。

菠菜

菠菜肥嫩，加醬水、豆腐煮之，杭人名『金鑲白玉板』是也。如此種菜雖瘦而肥，可不必再加笋尖、香蕈。

蘑菇

蘑菇不止作湯，炒食亦佳。但口蘑最易藏沙，更易受霉，須藏之得法，製之得宜。鷄腿蘑便易收拾，亦復討好。

松菌

松菌加口蘑炒最佳。或單用秋油泡食，亦妙。惟不便久留耳。置各菜中，俱能助鮮。可入燕窩作底墊，以其嫩也。

麪筋二法

一法，麪筋入油鍋炙枯，再用鷄湯、蘑菇清煨。一法不炙，用水泡，切條入濃鷄汁炒之，加冬笋、天花。章淮樹觀察家製之最精。上盤時宜毛撕，不宜光切。加蝦米泡汁，甜醬炒之，甚佳。

茄二法

吴小谷廣文家，將整茄子削皮，滚水泡去苦汁，猪油炙之。炙時須待泡水乾後，用甜醬水乾煨，甚佳。盧八太爺家切茄作小塊，不去皮，入油灼微黄，加秋油炮炒，亦佳。是二法者，俱學之而未盡其妙，惟蒸爛劃開，用麻油、米醋拌，則夏間亦頗可食。或煨乾作脯，置盤中。

莧羹

莧須細摘嫩尖，乾炒，加蝦米或蝦仁，更佳。不可見湯。

芋羹

芋性柔膩，入葷入素俱可。或切碎作鴨羹，或煨肉，或同豆腐加醬水煨。徐兆璜明府家選小芋子，入嫩鷄煨湯，妙極！惜其製法未傳。大抵只用作料，不用水。

豆腐皮

將腐皮泡軟，加秋油、醋、蝦米拌之，宜于夏日。蔣侍郎家入海參用，頗妙。加紫菜、蝦肉作湯，亦相宜。或用蘑菇、笋煨清湯，亦佳。以爛爲度。蕪湖敬修和尚將腐皮捲筒切段，油中微炙，入蘑菇煨爛，極佳。不可加鷄湯。

扁豆

取現採扁豆，用肉、湯炒之，去肉存豆。單炒者油重爲佳。以肥軟爲貴。毛糙而瘦薄者，瘠土所生，不可食。

瓠子、王瓜

將鯶魚切片先炒，加瓠子，同醬汁煨。王瓜亦然。

煨木耳、香蕈

揚州定慧庵僧，能將木耳煨二分厚，香蕈煨三分厚。先取蘑菇熬汁爲滷。

冬瓜

冬瓜之用最多。拌燕窩、魚肉、鰻、鱔、火腿皆可。揚州定慧庵所製尤佳。紅如血珀，不用葷湯。

煨鮮菱

煨鮮菱，以鷄湯滚之。上時將湯撤去一半。池中現起者纔鮮，浮水面者纔嫩。加新栗、白果煨爛，尤佳。或用糖亦可。作點心亦可。

缸豆

缸豆炒肉，臨上時，去肉存豆。以極嫩者，抽去其筋。

煨三筍

將天目筍、冬筍、問政筍，煨入鷄湯，號『三筍羹』。

芋煨白菜

芋煨極爛，入白菜心，烹之，加醬水調和，家常菜之最佳者。惟白菜須新摘肥嫩者，色青則老，摘久則枯。

香珠豆

毛豆至八九月間晚收者，最闊大而嫩，號『香珠豆』。煮熟以秋油、酒泡之。出殼可，帶殼亦可，香軟可愛。尋常之豆，不可食也。

馬蘭

馬蘭頭菜，摘取嫩者，醋合筍拌食。油膩後食之，可以醒脾。

楊花菜

南京三月有楊花菜，柔脆與菠菜相似，名甚雅。

問政筍絲

問政笋，即杭州笋也。徽州人送者，多是淡笋乾，只好泡爛切絲，用鷄肉湯煨用。龔司馬取秋油煮笋，烘乾上桌，徽人食之，驚爲异味。余笑其如夢之方醒也。

炒鷄腿蘑菇

蕪湖大庵和尚，洗净鷄腿，蘑菇去沙，加秋油、酒炒熟，盛盤宴客，甚佳。

猪油煮蘿蔔

用熟猪油炒蘿蔔，加蝦米煨之，以極熟爲度。臨起加葱花，色如琥珀。

卷十一　小菜單

小菜佐食，如府史胥徒佐六官也。醒脾解濁，全在于斯。作《小菜單》。

筍脯

筍脯出處最多，以家園所烘爲第一。取鮮筍加鹽煮熟，上籃烘之。須晝夜環看，稍火不旺則溲矣。用清醬者，色微黑。春筍、冬筍皆可爲之。

天目筍

天目筍多在蘇州發賣。其簍中蓋面者最佳，下二寸便攙入老根硬節矣。須出重價，專買其蓋面者數十條，如集狐成腋之義。

玉蘭片

以冬筍烘片，微加蜜焉。蘇州孫春楊家有鹽、甜二種，以鹽者爲佳。

素火腿

處州筍脯，號『素火腿』，即處片也。久之太硬，不如買毛筍自烘之爲妙。

宣城筍脯

宣城筍尖，色黑而肥，與天目筍大同小异，極佳。

人參筍

製細筍如人參形，微加蜜水。揚州人重之，故價頗貴。

筍油

筍十斤，蒸一日一夜，穿通其節，鋪板上，如作豆腐法，上加一板壓而榨之，使汁水流出，加炒鹽一兩，便是筍油。其筍曬乾仍可作脯。天台僧製以送人。

糟油

糟油出太倉州，愈陳愈佳。

蝦油

買蝦子數斤，全秋油入鍋熬之，起鍋用布瀝出秋油，乃將布包蝦子，全放罐中盛油。

喇虎醬

秦椒搗爛，和甜醬蒸之，可用蝦米攙入。

熏魚子

熏魚子色如琥珀，以油重爲貴。出蘇州孫春楊家，愈新愈妙，陳則味變而油枯。

腌冬菜、黄芽菜

腌冬菜、黄芽菜，淡則味鮮，鹹則味惡。然欲久放，則非鹽不可。嘗腌一大罎，三伏時開之，上半截雖臭爛，而下半截香美异常，色白如玉，甚矣！相士之不可但觀皮毛也。

萵苣

食萵苣有二法：新醬者，鬆脆可愛；或腌之爲脯，切片食甚鮮。然必以淡爲貴，鹹則味惡矣。

香乾菜

春芥心風乾，取梗淡腌，曬乾，加酒、加糖、加秋油，拌後再加蒸之，風乾入瓶。

冬芥

冬芥名雪裹紅。一法整腌，以淡爲佳；一法取心風乾、斬碎，腌入瓶中，熟後雜魚羹中，極鮮。或用醋煨，入鍋中作辣菜亦可，煮鰻、煮鯽魚最佳。

春芥

取芥心風乾、斬碎，腌熟入瓶，號稱『挪菜』。

芥頭

芥根切片，入菜同腌，食之甚脆。或整腌，曬乾作脯，食之尤妙。

芝麻菜

腌芥曬乾，斬之碎極，蒸而食之，號『芝麻菜』。老人所宜。

腐乾絲

將好腐乾切絲極細，以蝦子、秋油拌之。

風瘟菜

將冬菜取心風乾，腌後榨出滷，小瓶裝之，泥封其口，倒放灰上。夏食之，其色黄，其臭香。

糟菜

取腌過風瘟菜，以菜葉包之，每一小包，鋪一面香糟，重叠放罎内。取食時，開包食之，糟不沾菜，而菜得糟味。

酸菜

冬菜心風乾微腌，加糖、醋、芥末，帶滷入罐中，微加秋油亦可。席間醉飽之餘，食之醒脾解酒。

臺菜心

取春日臺菜心腌之，榨出其滷，裝小瓶之中。夏日食之。風乾其花，即名菜花頭，可以烹肉。

大頭菜

大頭菜出南京承恩寺，愈陳愈佳。入葷菜中，最能發鮮。

蘿蔔

蘿蔔取肥大者，醬一二日即吃，甜脆可愛。有侯尼能製爲鯗，煎片如蝴蝶，長至丈許，連翩不斷，亦一奇也。承恩寺有賣者，用醋爲之，以陳爲妙。

乳腐

乳腐以蘇州温將軍廟前者爲佳，黑色而味鮮。有乾、濕二種。

有蝦子腐亦鮮，微嫌腥耳。廣西白乳腐最佳。王庫官家製亦妙。

醬炒三果

核桃、杏仁去皮，榛子不必去皮。先用油炮脆，再下醬，不可太焦。醬之多少，亦須相物而行。

醬石花

將石花洗净入醬中，臨吃時再洗。一名麒麟菜。

石花糕

將石花熬爛作膏，仍用刀劃開，色如蜜蠟。

小松菌

將清醬同松菌入鍋滚熟，收起，加麻油入罐中。可食二日，久則味變。

吐蛈

吐蛈出興化、泰興。有生成極嫩者，用酒釀浸之，加糖則自吐其油，名爲泥螺，以無泥爲佳。

海蟄

用嫩海蟄，甜酒浸之，頗有風味。其光者名爲白皮，作絲，酒、醋同拌。

蝦子魚

子魚出蘇州。小魚生而有子。生時烹食之，較美于鯗。

醬薑

生薑取嫩者微腌，先用粗醬套之，再用細醬套之，凡三套而始成。古法用蟬退一個入醬，則薑久而不老。

醬瓜

將瓜醃後，風乾入醬，如醬薑之法。不難其甜，而難其脆。杭州施魯箴家製之最佳。據云：醬後曬乾又醬，故皮薄而皺，上口脆。

新蠶豆

新蠶豆之嫩者，以醃芥菜炒之，甚妙。隨採隨食方佳。

腌蛋

腌蛋以高郵爲佳，顏色紅而油多。高文端公最喜食之。席間先夾取以敬客。放盤中，總宜切開帶殼，黃、白兼用；不可存黃去白，使味不全，油亦走散。

混套

將鷄蛋外殼微敲一小洞，將清、黃倒出，去黃用清，加濃鷄滷煨就者拌入，用箸打良久，使之融化，仍裝入蛋殼中，上用紙封好，飯鍋蒸熟，剥去外殼，仍渾然一鷄卵也。味極鮮。

茭瓜脯

茭瓜入醬，取起風乾，切片成脯，與笋脯相似。

牛首腐乾

豆腐乾以牛首僧製者爲佳。但山下賣此物者有七家，惟曉堂和尚家所製方妙。

醬王瓜

王瓜初生時，擇細者腌之入醬，脆而鮮。

卷十二 點心單

梁昭明以點心爲小食，鄭傪嫂勸叔『且點心』，由來舊矣。作《點心單》。

鰻麵

大鰻一條蒸爛，拆肉去骨，和入麵中，入鷄湯清揉之，擀成麵皮，小刀劃成細條，入鷄汁、火腿汁、蘑菇汁滚。

温麵

將細麵下湯瀝乾，放碗中，用鷄肉、香蕈濃滷，臨吃，各自取瓢加上。

鱔麵

熬鱔成滷，加麵再滚。此杭州法。

裙帶麵

以小刀截麵成條，微寬，則號『裙帶麵』。大概作麵，總以湯多爲佳，在碗中望不見麵爲妙。寧使食畢再加，以便引人入勝。此法揚州盛行，恰甚有道理。

素麵

先一日将蘑菇蓬熬汁，定清；次日将笋熬汁，加麵滚上。此法扬州定慧庵僧人製之極精，不肯傳人。然其大概亦可仿求。其純黑色的，或云暗用蝦汁、蘑菇原汁，只宜澄去泥沙，不重换水；一换水，則原味薄矣。

蓑衣餅

乾麵用冷水調，不可多，揉擀薄後，捲攏再擀薄了，用猪油、白糖鋪勻，再捲攏擀成薄餅，用猪油熯黄。如要鹽的，用葱椒鹽亦可。

蝦餅

生蝦肉，葱鹽、花椒、甜酒脚少許，加水和麵，香油灼透。

薄餅

山東孔藩臺家製薄餅，薄若蟬翼，大若茶盤，柔膩絶倫。家人如其法爲之，卒不能及，不知何故。秦人製小錫罐，裝餅三十張。每客一罐，餅小如柑。罐有蓋，可以貯餡。用炒肉絲，其細如髮。葱亦如之。猪、羊并用，號曰『西餅』。

松餅

南京蓮花橋教門方店最精。

麵老鼠

以熱水和麵，俟鷄汁滚時，以箸夾入，不分大小，加活菜心，别有風味。

顛不棱即肉餃也

糊麵攤開，裹肉爲餡蒸之。其討好處，全在作餡得法，不過肉嫩、去筋、作料而已。余到廣東，吃官鎮臺顛不棱，甚佳。中用肉皮煨膏爲餡，故覺軟美。

肉餛飩

作餛飩，與餃同。

韭合

韭菜切末拌肉，加作料，麵皮包之，入油灼之。麵内加酥更妙。

糖餅又名麵衣

糖水溲麵，起油鍋令熱，用箸夾入；其作成餅形者，號『軟鍋餅』。杭州法也。

燒餅

用松子、胡桃仁敲碎，加糖屑、脂油，和麵炙之，以兩麵熯黄爲度，而加芝麻。扣兒會做，麵羅至四五次，則白如雪矣。須用兩面鍋，上下放火，得奶酥更佳。

千層饅頭

楊參戎家製饅頭，其白如雪，揭之如有千層。金陵人不能也。其法揚州得半，常州、無錫亦得其半。

麵茶

熬粗茶汁，炒麵兑入，加芝麻醬亦可，加牛乳亦可，微加一撮鹽。無乳則加奶酥、奶皮亦可。

杏酪

捶杏仁作漿，挍去渣，拌米粉，加糖熬之。

粉衣

如作麵衣之法。加糖、加鹽俱可，取其便也。

竹葉粽

取竹葉裹白糯米煮之。尖小，如初生菱角。

蘿蔔湯圓

蘿蔔刨絲滚熟，去臭氣，微乾，加葱、醬拌之，放粉團中作餡，再用麻油灼之。湯滚亦可。春圃方伯家製蘿蔔餅，扣兒學會，可照此法作韭菜餅、野鷄餅試之。

水粉湯圓

用水粉和作湯圓，滑膩异常，中用松仁、核桃、猪油、糖作餡，或嫩肉去筋絲捶爛，加葱末、秋油作餡亦可。作水粉法，以糯米浸水中一日夜，帶水磨之，用布盛接，布下加灰，以去其渣，取細粉曬乾用。

脂油糕

用純糯粉拌脂油，放盤中蒸熟，加冰糖捶碎，入粉中，蒸好用刀切開。

雪花糕

蒸糯飯搗爛，用芝麻屑加糖爲餡，打成一餅，再切方塊。

軟香糕

軟香糕，以蘇州都林橋爲第一。其次虎丘糕，西施家爲第二。南京南門外報恩寺則第三矣。

百果糕

杭州北關外賣者最佳。以粉糯，多松仁、胡桃，而不放橙丁者爲妙。其甜處非蜜非糖，可暫可久。家中不能得其法。

栗糕

煮栗極爛，以純糯粉加糖爲糕蒸之，上加瓜仁、松子。此重陽小食也。

青糕、青糰

搗青草爲汁，和粉作粉糰，色如碧玉。

合歡餅

蒸糕爲飯，以木印印之，如小珙璧狀，入鐵架熯之，微用油，方不粘架。

鷄豆糕

研碎鷄豆，用微粉爲糕，放盤中蒸之。臨食用小刀片開。

鷄豆粥

磨碎鷄豆爲粥，鮮者最佳，陳者亦可。加山藥、茯苓尤妙。

金糰

杭州金糰，鑿木爲桃、杏、元寶之狀，和粉搦成，入木印中便成。其餡不拘葷素。

藕粉、百合粉

藕粉非自磨者，信之不真。百合粉亦然。

麻糰

蒸糯米搗爛爲糰，用芝麻屑拌糖作餡。

芋粉糰

磨芋粉曬乾，和米粉用之。朝天宫道士製芋粉糰，野鷄餡，極佳。

熟藕

藕須貫米加糖自煮，并湯極佳。外賣者多用灰水，味變，不可食也。余性愛食嫩藕，雖軟熟而以齒決，故味在也。如老藕一煮成泥，便無味矣。

新栗、新菱

新出之栗，爛煮之，有松子仁香。厨人不肯煨爛，故金陵人有終身不知其味者。新菱亦然。金陵人待其老方食故也。

蓮子

建蓮雖貴，不如湖蓮之易煮也。大概小熟，抽心去皮，後下湯，用文火煨之，悶住合蓋，不可開視，不可停火。如此兩炷香，則蓮子熟時，不生骨矣。

芋

十月天晴時，取芋子、芋頭，曬之極乾，放草中，勿使凍傷。春間煮食，有自然之甘。俗人不知。

蕭美人點心

儀真南門外蕭美人善製點心，凡饅頭、糕、餃之類，小巧可愛，潔白如雪。

劉方伯月餅

用山東飛麵，作酥爲皮，中用松仁、核桃仁、瓜子仁爲細末，微加冰糖和猪油作餡。食之不覺甚甜，而香鬆柔膩，迥异尋常。

陶方伯十景點心

每至年節，陶方伯夫人手製點心十種，皆山東飛麵所爲。奇形詭狀，五色紛披。食之皆甘，令人應接不暇。薩制軍云：『吃孔方伯薄餅，而天下之薄餅可廢；吃陶方伯十景點心，而天下之點心可廢。』自陶方伯亡，而此點心亦成《廣陵散》矣。嗚呼！

楊中丞西洋餅

用鷄蛋清和飛麵作稠水，放碗中。打銅夾剪一把，頭上作餅形，如蝶大，上下兩面，銅合縫處不到一分。生烈火烘銅夾，撩稠水，一糊一夾一熯，頃刻成餅。白如雪，明如綿紙，微加冰糖、松仁屑子。

白雲片

白米鍋巴，薄如綿紙，以油炙之，微加白糖，上口極脆。金陵人製之最精，號『白雲片』。

風枵

以白粉浸透，製小片入猪油灼之，起鍋時加糖糝之，色白如霜，上口而化。杭人號曰『風枵』。

三層玉帶糕

以純糯粉作糕，分作三層；一層粉，一層猪油、白糖，夾好蒸之，蒸熟切開。蘇州人法也。

運司糕

盧雅雨作運司，年已老矣。揚州店中作糕獻之，大加稱賞。從此遂有『運司糕』之名。色白如雪，點胭脂，紅如桃花。微糖作餡，淡而彌旨。以運司衙門前店作爲佳。他店粉粗色劣。

沙糕

糯粉蒸糕，中夾芝麻、糖屑。

小饅頭、小餛飩

作饅頭如胡桃大，就蒸籠食之。每箸可夾一雙。揚州物也。揚州發酵最佳。手捺之不盈半寸，放鬆仍隆然而高。小餛飩小如龍眼，用鷄湯下之。

雪蒸糕法

每磨細粉，用糯米二分，粳米八分爲則，一拌粉，將粉置盤中，用涼水細細洒之，以捏則如糰、撒則如砂爲度。將粗麻篩篩出，其剩下塊搓碎，仍于篩上盡出之，前後和勻，使乾濕不偏枯。以巾覆之，勿令風乾日燥，聽用。水中酌加上洋糖則更有味，拌粉與市中枕兒糕法同。一錫圈及錫錢，俱宜洗剔極净，臨時略將香油和水，布蘸拭之。每一蒸後，必一洗一拭。一錫圈内，將錫錢置妥，先鬆裝粉一小半，將果餡輕置當中，後將粉鬆裝滿圈，輕輕擋平，套湯瓶上蓋之，視蓋口氣直衝爲度。取出覆之，先去圈，後去錢，飾以胭脂。兩圈更遞爲用。一湯瓶宜洗净，置湯分寸以及肩爲度。然多滾則湯易涸，宜留心看視，備熱水頻添。

作酥餅法

冷定脂油一碗，開水一碗，先將油同水攪勻，入生麵，儘揉要軟，如捍餅一樣，外用蒸熟麵入脂油，合作一處，不要硬了。然後將生麵做糰子，如核桃大，將熟麵亦作糰子，略小一暈，再將熟麵糰子包在生麵糰子中，捍成長餅，長可八寸，寬二三寸許，然後折疊如碗樣，包上穰子。

天然餅

涇陽張荷塘明府，家製天然餅，用上白飛麵，加微糖及脂油爲酥，隨意搦成餅樣，如碗大，不拘方圓，厚二分許。用潔净小鵝子石，襯而熯之，隨其自爲凹凸，色半黄便起，鬆美异常。或用鹽亦可。

花邊月餅

明府家製花邊月餅，不在山東劉方伯之下。余嘗以轎迎其女廚來園製造，看用飛麵拌生猪油子糰百搦，纔用棗肉嵌入爲餡，裁如碗大，以手搦其四邊菱花樣。用火盆兩個，上下覆而炙之。棗不去皮，取其鮮也；油不先熬，取其生也。含之上口而化，甘而不膩，鬆而不滯，其工夫全在搦中，愈多愈妙。

製饅頭法

偶食新明府饅頭，白細如雪，面有銀光，以爲是北麵之故。龍云不然，麵不分南北，只要羅得極細；羅篩至五次，則自然白細，不必北麵也。惟做酵最難。請其庖人來教，學之卒不能鬆散。

揚州洪府粽子

洪府製粽，取頂高糯米，檢其完善長白者，去其半顆散碎者，淘之極熟，用大箬葉裹之，中放好火腿一大塊，封鍋悶煨一日一夜，柴薪不斷。食之滑膩溫柔，肉與米化。或云：即用火腿肥者斬碎，散置米中。

卷十三 飯粥單

粥飯本也，餘菜末也。本立而道生。作《飯粥單》。

飯

王莽云：『鹽者，百肴之將。』余則曰：『飯者，百味之本。』《詩》稱：『釋之溲溲，蒸之浮浮。』是古人亦吃蒸飯。然終嫌米汁不在飯中。善煮飯者，雖煮如蒸，依舊顆粒分明，入口軟糯。其訣有四：一要米好，或『香稻』，或『冬霜』，或『晚米』，或『觀音秈』，或『桃花秈』，舂之極熟，霉天風攤播之，不使惹霉發疹。一要善淘，淘米時不惜工夫，用手揉擦，使水從籮中淋出，竟成清水，無復米色。一要用火先武後文，悶起得宜。一要相米放水，不多不少，燥濕得宜。往往見富貴人家，講菜不講飯。逐末忘本，真爲可笑。余不喜湯澆飯，惡失飯之本味故也。湯果佳，寧一口吃湯，一口吃飯，分前後食之，方兩全其美。不得已，則用茶、用開水淘之，猶不奪飯之正味。飯之甘，在百味之上；知味者，遇好飯不必用菜。

粥

見水不見米，非粥也；見米不見水，非粥也。必使水米融洽，柔膩如一，而後謂之粥。尹文端公曰：『寧人等粥，毋粥等人。』此真名言，防停頓而味變湯乾故也。近有爲鴨粥者，入以葷腥；爲八寶粥者，入以果品：俱失粥之正味。不得已，則夏用綠豆，冬用黍米，以五穀入五穀，尚屬不妨。余嘗食于某觀察家，諸菜尚可，而飯粥粗糲，勉强咽下，歸而大病。嘗戲語人曰：此是五臟神暴落難，是故自禁受不得。

七碗生風，一杯忘世，非飲用六清不可。作《茶酒單》。

茶

欲治好茶，先藏好水。水求中泠、惠泉。人家中何能置驛而辦？然天泉水、雪水，力能藏之。水新則味辣，陳則味甘。嘗盡天下之茶，以武夷山頂所生，冲開白色者爲第一。然入貢尚不能多，況民間乎？其次，莫如龍井。清明前者，號『蓮心』，太覺味淡，以多用爲妙；雨前最好，一旗一槍，緑如碧玉。收法須用小紙包，每包四兩，放石灰罎中，過十日則換石灰，上用紙蓋扎住，否則氣出而色味全變矣。烹時用武火，用穿心罐，一滚便泡，滚久則水味變矣。停滚再泡，則葉浮矣。一泡便飲，用蓋掩之，則味又變矣。此中消息，間不容髮也。山西裴中丞嘗謂人曰：『余昨日過隨園，纔吃一杯好茶。』嗚呼！公山西人也，能爲此言。而我見士大夫生長杭州，一入宦場便吃熬茶，其苦如藥，其色如血。此不過腸肥腦滿之人吃檳榔法也。俗矣！除吾鄉龍井外，余以爲可飲者，臚列于後。

武夷茶

余向不喜武夷茶，嫌其濃苦如飲藥。然丙午秋，余游武夷到曼亭峰、天游寺諸處。僧道爭以茶獻。杯小如胡桃，壺小如香櫞，每斟無一兩。上口不忍遽咽，先嗅其香，再試其味，徐徐咀嚼而體貼之。果然清芬撲鼻，舌有餘甘，一杯之後，再試一二杯，令人釋躁平矜，怡情悅性。始覺龍井雖清而味薄矣，陽羨雖佳而韻遜矣。頗有玉與水晶，品格不同之故。故武夷享天下盛名，真乃不忝。且可以瀹至三次，而其味猶未盡。

龍井茶

杭州山茶，處處皆清，不過以龍井爲最耳。每還鄉上冢，見管墳人家送一杯茶，水清茶緑，富貴人所不能吃者也。

常州陽羨茶

陽羨茶，深碧色，形如雀舌，又如巨米。味較龍井略濃。

洞庭君山茶

洞庭君山出茶，色味與龍井相同，葉微寬而緑過之。採掇最少。方毓川撫軍曾惠兩瓶，果然佳絶。後有送者，俱非真君山物矣。

此外如六安、銀針、毛尖、梅片、安化，概行黜落。

酒

余性不近酒，故律酒過嚴，轉能深知酒味。今海内動行紹興，然滄酒之清，潯酒之洌，川酒之鮮，豈在紹興下哉！大概酒似耆老宿儒，越陳越貴，以初開罎者爲佳，諺所謂『酒頭茶脚』是也。炖法不及則凉，太過則老，近火則味變，須隔水炖，而謹塞其出氣處纔佳。取可飲者，開列于後。

金壇于酒

于文襄公家所造，有甜、澀二種，以澀者爲佳。一清徹骨，色若松花。其味略似紹興，而清洌過之。

德州盧酒

盧雅雨轉運家所造，色如于酒，而味略厚。

四川郫筒酒

郫筒酒，清洌徹底，飲之如梨汁蔗漿，不知其爲酒也。但從四川萬里而來，鮮有不味變者。余七飲郫筒，惟楊笠湖刺史木簰上所帶爲佳。

紹興酒

紹興酒，如清官廉吏，不參一毫假，而其味方真。又如名士耆英，長留人間，閲盡世故，而其質愈厚。故紹興酒，不過五年者不可飲，參水者亦不能過五年。余常稱紹興爲名士，燒酒爲光棍。

湖州南潯酒

湖州南潯酒，味似紹興，而清辣過之。亦以過三年者爲佳。

常州蘭陵酒

唐詩有『蘭陵美酒鬱金香，玉碗盛來琥珀光』之句。余過常州，相國劉文定公飲以八年陳酒，果有琥珀之光。然味太濃厚，不復有清遠之意矣。宜興有蜀山酒，亦復相似。至于無錫酒，用天下第二泉所作，本是佳品，而被市井人苟且爲之，遂至澆淳散樸，殊可惜也。據云有佳者，恰未曾飲過。

溧陽烏飯酒

余素不飲。丙戌年，在溧水葉比部家，飲烏飯酒至十六杯，傍人大駭，來相勸止。而余猶頽然，未忍釋手。其色黑，其味甘鮮，口不能言其妙。據云，溧水風俗：生一女，必造酒一罎，以青精飯爲之。俟嫁此女，纔飲此酒。以故極早亦須十五六年。打甕時只剩半罎，質能膠口，香聞室外。

蘇州陳三白